融会贯通·工程软件
Master Engineering Software

midas MeshFree
基础理论与操作指南

梁　华　董　健　编著
高永涛　杨　璐　主审

人民交通出版社
北京

内 容 提 要

midas MeshFree 是由北京迈达斯技术有限公司开发的一款基于隐式边界法（Implicit Boundary Method，IBM）的计算机辅助工程（CAE）分析工具，该软件不需要几何模型的清理简化和网格划分就可以进行分析，具有分析简单、高效、准确等优点。本书内容涵盖了 MeshFree 软件概述、各分析功能的计算原理和操作指南。

本书可供从事结构设计和仿真的工程师、科研人员、高等院校师生参考使用。

图书在版编目（CIP）数据

midas MeshFree 基础理论与操作指南/梁华,董健编著. —北京:人民交通出版社股份有限公司,2024.11

ISBN 978-7-114-19538-9

Ⅰ.①m… Ⅱ.①梁… ②董… Ⅲ.①系统仿真—软件工具—指南 Ⅳ.①TP391.9

中国国家版本馆 CIP 数据核字(2024)第 094046 号

midas MeshFree Jichu Lilun yu Caozuo Zhinan

书　　　名：	**midas MeshFree 基础理论与操作指南**
著 作 者：	梁　华　董　健
责任编辑：	李　梦
责任校对：	赵媛媛　卢　弦
责任印制：	刘高彤
出版发行：	人民交通出版社
地　　　址：	(100011)北京市朝阳区安定门外外馆斜街 3 号
网　　　址：	http://www.ccpcl.com.cn
销售电话：	(010)85285857
总 经 销：	人民交通出版社发行部
经　　　销：	各地新华书店
印　　　刷：	北京市密东印刷有限公司
开　　　本：	787×1092　1/16
印　　　张：	10.25
字　　　数：	245 千
版　　　次：	2024 年 11 月　第 1 版
印　　　次：	2024 年 11 月　第 1 次印刷
书　　　号：	ISBN 978-7-114-19538-9
定　　　价：	68.00 元

(有印刷、装订质量问题的图书,由本社负责调换)

序

20世纪60年代,有限元法(Finite Element Method,FEM)被提出,目前国际公认的有限元法思想先驱有 Zienkiewicz(英国)、Richard Courant(美国)、Ray W Clough(美国)、John Hadji Argyris(希腊)、Leonard Oganesyan(苏联)、冯康(中国)等,他们为有限元法的理论发展与工程应用作出了巨大贡献。

有限元法(FEM)的问世意义重大,给求解数学物理方程带来革命性的变化。在此之前,求解微分方程的定解问题好像是"大海捞针",成功的可能微乎其微;而应用有限元法寻求近似解就好像是"碗里捞针",容易多了。冯康先生曾用简单形象的比喻形容有限元方法及其作用:分整为零,裁弯取直,以简驭繁,化难为易。

随着计算机技术的快速发展,世界上先后出现了非常多的有限元商业程序(大家现在习惯称为 CAE 软件),如 NASTRAN、ANSYS、ADINA、ABAQUS、NFX、COMSOL 等。利用这些 CAE 软件,只需进行前处理、求解与后处理就可以实现有限元计算,并完成许多复杂工程问题的 CAE 数值仿真分析。

长期以来,CAE 数值仿真分析在众多工程设计领域解决了大量重大问题,计算力学成为工程设计的有力工具。据此,人们可以精确解决复杂问题,消除了以往过度的保守性。例如,有限元法出现以后,美国机械工程师学会标准(ASME 标准)的强度安全系数从以往的 4 逐步减小为 1.5,大大节省了工程材料和造价。

CAE 数值仿真分析的价值在于,可在产品制造之前仿真其设计工况,评判其各项性能指标是否满足设计要求,尽早发现潜在的问题并进行改进或优化,大大减少了物理样机的制造和试验,从而大大缩短研制周期、消除质量隐患、降低成本,进而提高竞争力。因此,美国早在 2006 年就把 CAE 数值仿真分析列为工程和科学取得进步的关键因素,视为维系美国制造业竞争力战略优势的一张王牌。中国科学院 2007 年向国务院专门呈送的《关于发展事关国家竞争力和国家安全战略的 CAE 软件产业的建议》报告中指出:CAE 软件技术可对工程结构和产品的性能及其生产加工过程,进行分析、模拟、预测、评价和优化,是"虚拟制造""数字化制造"的核心技术之一,对于国家制造业的发展具有举足轻重的作用。笔者认为,CAE 数值仿真分析的能力不仅是研发设计企业的核心竞争力,也是工程师的核心竞争力!

经过近 60 年的发展,CAE 数值仿真分析技术取得了很大的进步,一方面体现在随着计算机硬件性能的发展,有些传统技术在消亡,如波前法、超单元、子结构;另一方面新的算法或工具不断涌现,如网格自动划分、图形处理器(GPU)、并行求解、多场耦合、区域分裂法、格子法、自适应等技术。纵观国内外,就工程界而言,CAE数值仿真分析技术的推广还存在很大的局限性,它还是少数企业才用得起的技术,也只是部分工程师才能掌握的工具。究其原因,根据笔者近35年的CAE数值仿真分析实践的体会,主要问题在于当前市面上的主流CAE软件都需要使用者去定义一套能模拟分析的对象并求解收敛的有限元网格,为此需要对分析对象的结构进行合理简化、清理或重建模型、区域剖分、选择合适的单元类型、进行网格敏感性论证等,这些工作平均要占整个分析工作总时间(不包括计算机后台求解时间)的70%左右,这样的分析效率仍有较大的提升空间。

近年来,北京迈达斯技术有限公司创新性地推出了MeshFree软件,给CAE数值仿真分析人员带来了便利。它无须使用者对分析对象划分网格,无须简化几何模型,革命性地简化分析流程为"一导、二输、三看"三个步骤:导入三维几何模型,输入边界条件和工况荷载,查看计算结果。经过众多用户使用表明,使用MeshFree的分析效率明显提高,与传统CAE软件相比,普遍节约时间60%～70%,且误差均在工程允许合理范围内;其在处理多零件装配体结构分析时效率最高。2019年,我与MeshFree一见如故,内心无比喜悦。我认为这就是CAE数值仿真分析的发展趋势之一,代表着新的发展方向!

MeshFree无须划分网格,又是全中文界面,比传统CAE软件易学易用。相信《midas MeshFree基础理论与操作指南》的出版发行,必将帮助使用者缩短初学周期,提升软件操作技能,必将更快让这个新一代的CAE软件为行业发展贡献其价值。

成都设尔易科技有限公司(CAE-Tech):

2023年6月9日于蓉城

前　　言

随着工业、制造业的不断发展,计算机辅助工程(CAE)分析工具的应用越来越广泛。例如,自 20 世纪 60 年代有限元法诞生以来,商业有限元软件可谓层出不穷,应用其他数值方法编写的商用软件也不断涌现。当前,大型企业普遍致力于提升研发效率,缩短产品开发周期。特别是电子科技领域,由于产品更新换代速度极快,研发效率对企业而言至关重要。

从产品仿真的角度,仿真驱动设计是当前的发展趋势。所谓仿真驱动设计,就是在产品概念设计、初期设计阶段,设计人员就可以对自己所设计的产品进行快速评估,并及时进行设计更改。传统的仿真计算主要面向专业的分析人员,仿真驱动设计意味着仿真门槛的降低,可以面向涉及领域更广的工程师们,特别是设计工程师也能参与分析。这样一来,传统的仿真分析工具,例如结构仿真中的有限元分析程序,由于前处理过程比较烦琐,已不适合作为仿真驱动设计工具。基于此,北京迈达斯技术有限公司(MIDAS IT)开发了无网格划分仿真分析软件 midas MeshFree。midas MeshFree 的发展历程可以追溯到 2014 年,在这一年,MIDAS IT 与美国佛罗里达大学的金·南虎(KIM Nam-Ho)教授一起,联合研究了无网格生成步骤的三维结构求解器概念。2017 年,midas MeshFree 无网格划分仿真分析软件诞生;2018 年 3 月,其中文版正式对外商业化。

midas MeshFree 中文版本发行至今已 6 年有余,使用和学习该软件的用户也不断增多。虽然软件使用者可以及时联系官方技术人员解决问题,但是系统性的学习指南能够帮助他们更好地学习和理解各个技术要点,方便他们随时翻阅,以及时地解决使用问题。经过前期的资料收集以及半年多的编写,《midas MeshFree 基础理论与操作指南》正式和大家见面了。

本书分为 11 章,除第 1 章是对 midas MeshFree 做总体性介绍之外,其余各章均按照软件的分析功能来编写。其中,第 2~6 章为第一部分,主要内容包括线性静力分析、热传递和热应力分析、拓扑优化、疲劳分析、非线性静力分析等;第 7~11 章为第二部分,主要内容包括模态分析、瞬态响应分析、频率响应分析、反应谱分析、随机振动分析等。全书各章节基本上按由易到难的顺序编排。本书编写时对应的软件版本是 midas MeshFree 的 2022 版,随着版本的更新,会出现新增功能和改进功能,建议读者结合实际使用的软件版本灵活处理。

本书由北京迈达斯技术有限公司机械事业部组织编写,由梁华、董健编著,前期的资料收集和整理由杨璐完成。其中,第 1~6 章由梁华编写,第 7~11 章由董健编写。

王平平对第 10 章中"反应谱分析的计算原理"部分进行了补充完善,全书内容由梁华统稿。全书由高永涛、杨璐负责主审,董健、程春华、黄黎、王平平、梁华等参与内容审核和校对。其中,高永涛负责审核前言、第 1 章和第 9 章,董健负责审核第 2 章,杨璐负责审核第 4 章,程春华负责审核第 5 章,黄黎负责审核第 6 章,王平平负责审核第 7 章和第 8 章,梁华负责审核第 3 章、第 10 章和第 11 章。本书封面由郭赫设计制作。本书配套相关学习视频,读者可扫描下方二维码观看。

配套视频二维码

感谢成都设尔易科技有限公司赵方圆总经理在百忙之中为本书作序,感谢人民交通出版社李梦编辑的辛苦工作。

由于作者水平有限,书中难免存在疏漏和不足之处,欢迎各位读者批评指正,并将问题反馈至电子邮箱:jixie@ midasit. com 或致电 400-111-2002,也欢迎关注北京迈达斯技术有限公司机械事业部官方微信公众号进行在线交流。

MIDAS 机械事业部
官方微信公众号

梁　华
2024 年 4 月

目 录

第 1 章 认识 MeshFree ·· 1
   1.1 MeshFree 发展历史 ·· 1
   1.2 MeshFree 算法和优势 ·· 1
   1.3 MeshFree 和 FEM 的分析流程比较 ······························ 2
   1.4 MeshFree 分析类型 ·· 6
   1.5 MeshFree 分析界面介绍 ·· 7
   1.6 MeshFree 分析流程及相关功能介绍 ·························· 15

第 2 章 线性静力分析 ·· 28
   2.1 力学基本概念 ··· 28
   2.2 线性静力分析的概念、假设和特点 ···························· 33
   2.3 材料的破坏：塑性破坏和脆性破坏 ···························· 34
   2.4 静力分析的失效理论：四大强度理论 ························ 35
   2.5 在 MeshFree 中进行线性静力分析 ····························· 37

第 3 章 热传递和热应力分析 ·· 55
   3.1 热传递分析的基本概念 ··· 55
   3.2 热传递分析的机理 ·· 56
   3.3 热传导问题的控制方程 ··· 58
   3.4 热应力分析 ·· 59
   3.5 在 MeshFree 中进行热分析 ······································· 61

第 4 章 拓扑优化 ·· 69
   4.1 优化设计简介 ··· 69
   4.2 拓扑优化概述 ··· 70
   4.3 在 MeshFree 中进行拓扑优化分析 ····························· 72

第 5 章 疲劳分析 ·· 79
   5.1 疲劳研究概述 ··· 79
   5.2 疲劳基本概念 ··· 80
   5.3 疲劳问题的分类 ··· 82
   5.4 疲劳评估方法 ··· 84

5.5　在 MeshFree 中进行疲劳分析 ·· 89

第 6 章　非线性静力分析 ··· 92
6.1　结构非线性定义 ·· 92
6.2　非线性问题的分类 ··· 92
6.3　在 MeshFree 中进行非线性静力分析 ································· 101

第 7 章　模态分析 ·· 105
7.1　振动系统概述 ·· 105
7.2　普通模态分析 ·· 106
7.3　在 MeshFree 中进行普通模态分析 ···································· 109

第 8 章　瞬态响应分析 ··· 113
8.1　瞬态响应分析概述 ··· 113
8.2　在 MeshFree 中进行瞬态响应分析 ···································· 114

第 9 章　频率响应分析 ··· 124
9.1　频率响应分析概述 ··· 124
9.2　在 MeshFree 中进行频率响应分析 ···································· 127

第 10 章　反应谱分析 ·· 135
10.1　反应谱分析概述 ··· 135
10.2　反应谱分析的计算原理 ·· 137
10.3　在 MeshFree 中进行反应谱分析 ······································ 142

第 11 章　随机振动分析 ··· 145
11.1　随机振动分析概述 ·· 145
11.2　在 MeshFree 中进行随机振动分析 ··································· 147

参考文献 ··· 153

第 1 章　认识 MeshFree

midas MeshFree 是由北京迈达斯技术有限公司(MIDAS IT)开发的一款新的计算机辅助工程(CAE)分析工具。MIDAS IT 作为工程软件开发公司,对 CAE 有自己独到的理解。为了使工程分析过程变得简单和高效,我们重新开发,使得 midas MeshFree 成为一个革命性的工程分析工具,有效解决了传统分析方法效率低下的问题。在 midas MeshFree 中,只需点击几下,就可以分析工程产品的性能,以保证工程项目的顺利推进。通过使用 midas MeshFree,在较短的设计周期内,就可以快速发现各种问题,以便在成本、性能和质量之间保持平衡。作为一款新的工程分析工具,midas MeshFree 使用户能够专注于更有价值的任务,并从事更多的创新工作。

1.1　MeshFree 发展历史

midas MeshFree 的发展历程可以追溯到 2014 年。在这一年,MIDAS IT 与美国佛罗里达大学的金·南虎(KIM Nam-Ho)教授一起,联合研究了无网格生成步骤的三维结构求解器概念。2017 年,midas MeshFree 无网格划分仿真分析软件诞生;同年 4 月,midas MeshFree 1.0 版本发布,配备线性静力分析、模态分析、稳态传热分析、拓扑优化和疲劳分析功能;同年 10 月,midas MeshFree 2.0 版本发布,增加线性动力分析功能,包含瞬态响应分析、频率响应分析、随机振动分析和反应谱分析。2018 年,midas MeshFree 3.0 版本(即中文商业版)对外发布,新增瞬态传热、非线性静力等分析功能。2019 年,midas MeshFree 4.0 版本发布,增加几何非线性和超弹性材料等分析功能。2020 年,midas MeshFree 2020 版本发布,新增接触非线性、温度依存材料、结果屏幕同步等功能。2021 年,midas MeshFree 2021 版本发布,新增自接触、正交各向异性材料等分析功能。2022 年,midas MeshFree 2022 版本发布,新增基于相同颜色的选择功能,并改进应力收敛结果。

1.2　MeshFree 算法和优势

1.2.1　MeshFree 的算法

MeshFree 算法称为隐式边界法,也是一种数值计算方法,它将分析模型划分为若干个由节点相连的单元,并找到物理问题的近似解。有限单元法(FEM)与 MeshFree 方法的区别是,前者需要划分网格来逼近原来的几何模型,而后者是使用独立于分析模型的背景网格,如图 1-2-1 所示。因此,MeshFree 不需要进行网格划分,不用为了更好地划分网格而去简化模型,它的优势就是可以对三维几何模型直接进行分析。FEM 的使用者经常会花费很多时间在复杂模型的前处理阶段,所以 MeshFree 的优势是非常明显的。

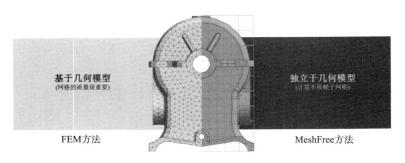

图 1-2-1　FEM 与 MeshFree 方法网格的差异

1.2.2　传统 CAE 分析流程存在的问题

在传统的 CAE 流程中,产品设计与产品分析一般是分开的,设计工程师将设计好的产品提交给分析工程师进行分析,并等待分析工程师的反馈,然后根据他们的反馈修改产品设计,这个过程可能会重复很多次。现如今,产品变得越来越复杂,产品的生命周期越来越短,使得产品的开发周期也变得更短,但是传统 CAE 流程往往不能及时发现产品存在的问题。

1.2.3　MeshFree 的优势

随着 CAE 的不断普及,仿真驱动设计的概念开始流行起来。所谓仿真驱动设计,就是在设计阶段加入仿真分析,设计工程师能够对自己所设计的产品进行基本的性能评估,从而及时地发现问题,提高产品设计效率,专业分析工程师则可以有更多的时间去处理高级的仿真问题。仿真驱动设计使得产品设计与产品仿真同时进行,这就是并行工程。想要推行仿真驱动设计,选择合适的仿真工具至关重要。传统的有限元分析工具由于前处理过程非常复杂,不是合适的选择。MeshFree 的诞生,使得仿真驱动设计和并行工程成为可能,从而能够缩短产品研发周期并加速产品创新。

1.3　MeshFree 和 FEM 的分析流程比较

1.3.1　传统 FEM 的分析流程

1)问题描述

如图 1-3-1 所示,带孔薄板板厚 10mm,孔的直径 40mm,两端受拉,拉应力为 111.21MPa,板的材质为 AISI304,试计算带孔薄板的位移和应力分布。

2)模型简化

这是一个平面应力问题,可以用二维(2D)的平面应力单元进行模拟。带孔薄板的几何模型以及荷载具有对称性,因此可取原模型的 1/4 进行分析,如图 1-3-2 所示。

3)定义材料和选择单元

定义 AISI304 材料,弹性模量 197000MPa,泊松比 0.27;定义 2D 平面应力单元,输入板厚 10mm。

图 1-3-1　两端受拉的带孔薄板几何模型

4)生成网格

输入单元尺寸 3mm,生成以四边形单元为主的网格,如图 1-3-3 所示。

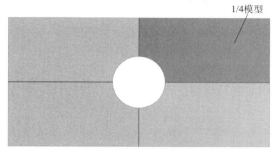

图 1-3-2　1/4 模型　　　　　　　　　　图 1-3-3　生成网格

5)定义荷载

面压力荷载为 111.21MPa(1MPa = 1N/mm^2),板厚为 10mm,所以两端受拉时的线压力荷载为 111.21MPa × 10mm = 1112.1N/mm。施加线压力荷载如图 1-3-4 所示。

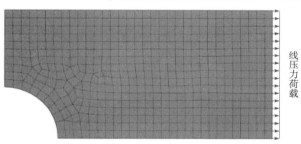

图 1-3-4　施加线压力荷载

6)定义边界条件

定义对称边界条件如图 1-3-5 所示。

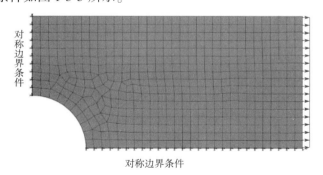

图 1-3-5　定义对称边界条件

7)定义分析类型

定义线性静力分析类型,并执行计算。计算过程中,程序计算每个单元的单元刚度矩阵,并组装形成整体刚度矩阵。最终,程序求解的是如式(1-3-1)所示的代数方程组。

$$F = KU \tag{1-3-1}$$

式中:F——节点外荷载向量;

K——整体刚度矩阵；

U——节点位移向量。

求解后，先得到节点位移结果，再得到应变结果，最后得到应力结果。

8）后处理

首先需要判断结果是否合理，例如，查看支座反力是否与外力平衡，位移和应力是否有明显的异常等。

如果判断结果是合理的，可以根据需要查看相应的结果。

（1）查看位移结果，如图1-3-6所示。

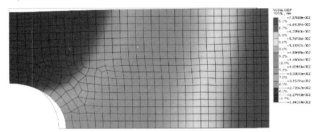

图1-3-6 位移结果

（2）查看冯·米塞斯（von Mises）应力结果，如图1-3-7所示。

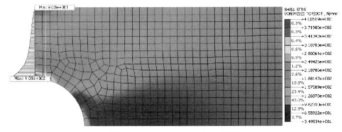

图1-3-7 von Mises应力结果

1.3.2 MeshFree的分析流程

1）导入三维（3D）几何模型

（1）直接使用各种商用计算机辅助工程设计（CAD）软件（如Solidworks、Inventor、Catia、NX、Solid Edge、Creo等）生成的数据导入软件，材料可以随CAD模型一起导入。

（2）自动定义接触对。

三维（3D）几何模型如图1-3-8所示。

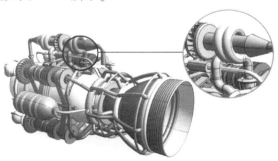

图1-3-8 三维（3D）几何模型

2）定义荷载和边界条件

（1）可直接在 CAD 模型上施加荷载和边界条件。

（2）针对不同的分析工况,例如线性静力分析、瞬态响应分析、稳态热传递分析等,分析条件菜单中的荷载和边界条件定义功能会与分析工况相对应,体现了软件使用的便利性。

荷载和边界条件定义界面如图 1-3-9 所示。

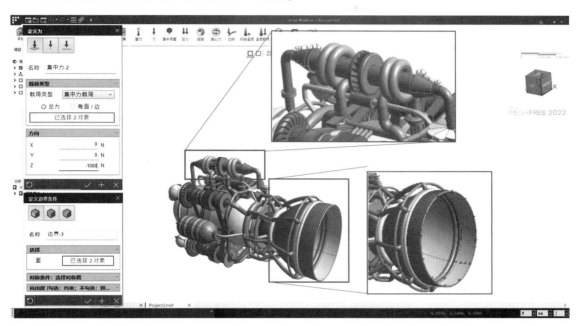

图 1-3-9　荷载和边界条件定义界面

3）分析结果

（1）点击"执行分析"后,在"进程"弹窗以及输出窗口可以看到分析的进度。

（2）分析完成之后,将自动进入分析结果菜单。分析结果菜单有丰富的后处理功能,例如云图、点值、线上图、计算反作用力等,可以根据需要提取相应的结果。

分析结果如图 1-3-10 所示。

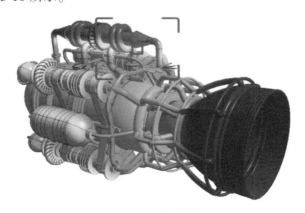

图 1-3-10　分析结果

1.4 MeshFree 分析类型

目前 MeshFree 的分析类型见表 1-4-1。

MeshFree 分析类型　　　　　　　　表 1-4-1

分析类型	概述
线性静力分析	（1）线性静力分析是最基础的分析，用来判断结构的刚度和强度。 （2）在线性静力分析当中，材料应力应变关系遵循胡克定律，材料处于弹性阶段。 （3）结构的变形要足够小，小到引起的刚度变化可以忽略。 （4）在外荷载作用以及结构发生变形过程中，边界条件不允许发生变化
模态和预应力模态分析	（1）模态和预应力模态分析用来确定结构的固有频率和振型，判断结构在外界激振频率下是否会发生共振。 （2）结构在外荷载作用下的固有频率会发生变化，由于模态分析时不能施加外荷载，因此可以通过预应力模态处理此问题。预应力模态先是进行线性静力分析，得到结构模型更新后的刚度，再用此刚度进行模态计算
非线性稳态热传递和热应力分析	（1）温度分布只随位置发生变化，不随时间发生变化。 （2）非线性指的是输入的材料特性以及边界条件与温度有关或者考虑了热辐射。 （3）热应力分析说的是温度的变化会引起结构的变形。程序先是进行温度场分析，再进行应力场分析。不考虑结构的变形对温度分布的影响，是顺序耦合
非线性瞬态热传递分析	（1）温度分布随时间发生变化。 （2）非线性指的是输入的材料特性以及边界条件与温度有关或者考虑了热辐射
非线性静力分析	（1）这里的非线性包含材料非线性、几何非线性以及接触非线性。 （2）材料非线性指的是当结构受外荷载作用时，材料出现了非线性的行为，包括弹塑性模型、超弹性模型。 （3）几何非线性指的是当结构的变形或应变不断增加时，结构刚度发生了不可忽略的变化。 （4）边界非线性指的是在分析过程当中边界条件发生了变化的情况
线性瞬态响应分析	（1）在时域内计算结构在随时间变化荷载作用下的动力响应。 （2）支持直接积分法和模态叠加法，模态叠加法支持直接导入模态分析结果。 （3）时间依存荷载包含时间依存力、时间依存压力、时间依存位移、时间依存速度以及时间依存加速度。 （4）支持结构阻尼以及黏性阻尼。 （5）输出位移、速度、加速度以及应力结果
频率响应分析	（1）研究结构在周期性荷载作用下的响应，计算结构在周期振荡荷载作用下对每个计算频率的响应幅值和相位。 （2）支持直接积分法和模态叠加法，后者支持直接导入模态分析结果。 （3）频率依存荷载包含频率依存力、频率依存压力、频率依存位移、频率依存速度以及频率依存加速度。 （4）支持结构阻尼以及黏性阻尼。 （5）支持多种频率定义方法，包含离散、线性、对数和集中。 （6）输出位移、速度、加速度以及应力结果

续上表

分析类型	概述
反应谱分析	(1)同一结构在某地震加速度作用下随自振周期(自然频率、自然角频率)的最大响应曲线,如位移反应谱、速度反应谱和加速度反应谱。 (2)支持直接导入模态分析结果。 (3)支持中国及其他国家和地区设计谱数据。 (4)模态组合方法包含绝对值求和法(ABS)、平方和的平方根法(SRSS)、完全二次组合法(CQC)、10%法(TENP)以及美国海军实验室法(NRL)。 (5)输出模态组合位移、速度、加速度以及应力结果
随机振动分析	(1)对于某些振动,其规律显示出相当的随机性而不能用确定的函数来表达,只能用概率和统计的方法来研究。 (2)支持直接积分法和模态叠加法,后者支持直接导入模态分析结果。 (3)频率依存荷载包含频率依存力、频率依存压力、频率依存位移、频率依存速度以及频率依存加速度。 (4)支持结构阻尼以及黏性阻尼。 (5)支持多种频率定义方法,包含离散、线性、对数和集中;支持自功率谱密度定义。 (6)输出 PSD 结果、RMS 结果
疲劳分析	(1)研究材料在循环应力和应变作用下所能承受的循环次数和损伤度。 (2)支持应力寿命法和应变寿命法。 (3)支持线性应力-寿命(S-N)曲线和应变-寿命(E-N)曲线。 (4)输出疲劳寿命和损伤度
拓扑优化	(1)研究用最少的材料得到最佳的结构性能。 (2)优化目标包含刚度最大(基于线性静力分析,对应体积约束条件)、特征值最大(基于模态分析,对应体积约束条件)、体积最小(基于线性静力分析或模态分析,对应位移、应力或特征值约束条件)。 (3)采用伪密度法进行计算。 (4)工艺条件包含单向拔模、双向拔模以及挤出约束,支持对称工艺约束条件。 (5)定义设计区域和非设计区域。 (6)查看拓扑优化结构,计算优化后的体积

1.5 MeshFree 分析界面介绍

1.5.1 开始页

(1)开始页包含 MeshFree 网站主页面以及功能菜单,在开始页可以查看与 MeshFree 相关的资料,如图 1-5-1 所示。

(2)开始一个新的分析时,在功能菜单中选择"新建"文件。

(3)如需加载已经存在的分析文件,可选择"项目文件"。

(4)快速开始工具栏提供各种加载和保存功能,以及撤销和恢复功能,以方便操作。

图 1-5-1　MeshFree 开始页

1-快速开始工具栏;2-产品版本信息查看;3-用户许可查看和注册

1.5.2　开始菜单

点击图 1-5-1 左上角图标打开开始菜单,如图 1-5-2 所示。

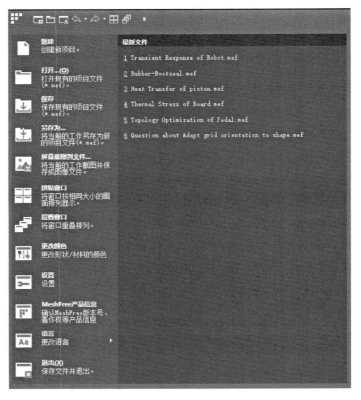

图 1-5-2　开始菜单

1) 更改颜色

(1) 更改几何体的颜色,可显示不同几何体的颜色,设置如图 1-5-3 所示。

(2) 更改材料的颜色。材料颜色更改后(设置界面如图 1-5-4 所示),可在材料创建窗口勾选"显示材料颜色",根据几何体所具有的材料,显示材料的颜色,如图 1-5-5 所示。

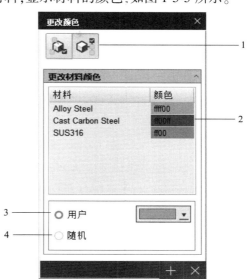

图 1-5-3 更改几何体颜色设置界面

1-更改几何体颜色;2-选择要更改颜色的几何体;3-指定几何体的颜色;4-随机指定所选几何体的颜色

图 1-5-4 更改材料颜色设置界面

1-更改材料颜色;2-选择要更改颜色的材料;3-指定材料的颜色;4-随机指定所选材料的颜色

图 1-5-5 显示材料颜色

2) 设置

设置包括一般设置和显示设置。

(1) 一般设置界面(图 1-5-6)。

①自动保存文件:选择临时保存的文件夹。选择是否启用自动保存,启用后需要定义自动保存的时间间隔。

②临时文件夹:选择临时保存的文件夹。当程序因为意外关闭,而此时又未保存文件,程序将在该文件夹保存一个可恢复文件。

图 1-5-6　一般设置界面

③自动接触容差系数：设置自动接触容差的缩放系数。应用自动接触时的自动接触容差＝所选几何体的特征尺寸×自动接触容差系数，自动接触容差系数的默认值为 0.001。

④处理器数量：设置并行计算的中央处理器（CPU）数量。

⑤激活图形处理器（GPU）加速：选择是否启用 GPU 加速，如需使用 GPU 加速，计算机必须具备两个显卡，一个用于显示，另一个用于计算，并且推荐使用 Tesla 显卡。

（2）显示设置界面（图 1-5-7）。

①图形：设置图形显示相关的选项，保持默认设置即可，无须更改。

图 1-5-7　显示设置界面

②视图控制:选择视图控制风格,包括 CAD 风格和 CAE 风格,两种风格的操作差异详见表 1-5-1;选择放大视图时,鼠标滚轮滚动的方向包括上、下滚动方向。

③背景设置:设置程序的背景。

CAD 风格和 CAE 风格操作差异 表 1-5-1

操作	CAD 风格	CAE 风格
拖动	按住 Ctrl + 鼠标中键	按住鼠标中键
旋转	按住鼠标中键或 Ctrl + 鼠标右键	按住 Ctrl + 鼠标中键或 Ctrl + 鼠标右键
缩放	滚动鼠标滚轮或按住 Ctrl + 鼠标左键	滚动鼠标滚轮或按住 Ctrl + 鼠标左键

1.5.3 工作界面

MeshFree 的工作界面非常便捷,可以很容易地找到分析所需要的功能,能够轻松直观地完成分析。工作界面如图 1-5-8 所示。

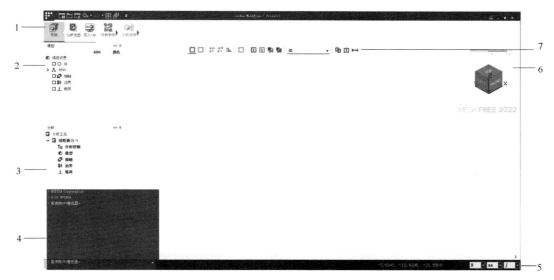

图 1-5-8　工作界面

1-分析步骤选项卡;2-模型树窗口;3-分析窗口;4-输出窗口;5-单位系统;6-视图立方体;7-选择工具

1)分析步骤选项卡

(1)分析步骤选项卡在 MeshFree 里面是最重要的,它包含操作 MeshFree 所需的所有功能。

(2)使用 MeshFree 进行分析时用到的功能都在步骤图标里面,步骤图标包含开始、分析条件和分析结果,如图 1-5-9 所示。当前一个步骤没有完成时,后面的步骤图标不会被激活。

图 1-5-9　步骤图标

(3)每个步骤图标含有多个功能图标,单击激活的步骤图标会显示所属的功能图标。

2)功能图标

功能图标包含在相应的步骤图标中,如图1-5-10所示。

图1-5-10 功能图标

3)模型树窗口

(1)模型树显示施加的所有荷载和边界条件数据。

(2)从模型树可以看到整个工作过程的概览,并且模型树提供方便分析的上下级菜单(点击鼠标右键)。

(3)如图1-5-11所示的模型树中,分析模型包含3个零部件、1个接触对、2个边界条件组、2个荷载组。

图1-5-11 模型树窗口

4)分析窗口

(1)分析窗口显示之前通过"开始">"分析类型"定义的分析类型,以及参与分析的部件和分析条件。

(2)在分析窗口,可以选择部分部件以及部件条件进行分析。

(3)在模型树中,生成的模型和荷载条件可用于各种分析类型。

(4)对于最开始定义的分析类型,模型树中的数据会自动添加到分析窗口的分析类型中。对于后面添加的分析类型,只能手动添加荷载和边界条件数据。

(5)用户可以根据需要选择相应的分析条件,但是必须包含分析类型、几何模型、边界条件以及荷载才能进行分析。如图1-5-12所示的分析窗口中,非线性静力分析工况包括3个部件模型、1个接触对、2个边界条件组、1个荷载组。部件模型、接触对、边界条件以及荷载组可以通过拖放进入分析窗口,选中后点击右键可以删除。

5)选择工具条

(1)选择工具条提供了方便选择的多种功能,包括模型镜像功能、剖分面功能以及几何测量功能等,如图1-5-13所示。

(2)单击选择目标。如需选择多个目标,可点击选择方法或者按住鼠标左键进行框选。

(3)从左上角向右下角框选,可选中包含在矩形框中所有的对象;从右下角往左上角框选,可不仅选中包含在矩形框中的对象,还可选中与矩形框边缘相交的对象。以上描述针对的是矩形选择方法。

图 1-5-12 分析窗口

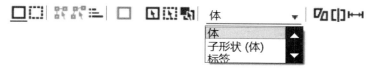

图 1-5-13 选择工具条

(4)选择工具条中各功能的详细说明见表 1-5-2。

选择工具条各功能说明　　　　　　　表 1-5-2

功能	说明
	选择模式:选择部件、子形状以及标签等,是默认选项
	取消选择模式:对已选择的对象取消选择。替代方法是,你可以再次选择已经选择的对象以取消选择
	查找面:选择一个面,并且点击"查找面"来选择相邻的所有的面
	从特征角查找面:通过特征角度(相邻的角度)查找相邻的所有的面。此功能在选择具有曲率的多个面时非常有用
	特征角:使用特征角查找面时输入特征角度
	选择(单击/矩形,圆形,多边形):默认设置是单击/矩形,可以切换到圆形和多边形
	全部选择:选择整个模型
	取消全部选择:不选择任何部件
	选择正面:只选择可视的部件。当选择多个面时,"选择正面"和"选择方法"结合起来可以带来很多方便
体	选择过滤器:选择和编辑用标签表示的分析条件,比如部件、部件的面(子形状)、接触、荷载以及边界条件

续上表

功能	说明
	剖分面:创建虚拟平面并显示模型的剖面
	对称:如果是对称模型并施加了对称边界条件,在后处理里面通过对称显示可以查看全模型
	测量距离:点-点、线-线和面-面距离

6) 视图立方体

(1) 此功能允许自由调整工作界面的方向,显示的坐标系是全局坐标系,如图1-5-14所示。与视图立方体一起,可以使用快速视图功能(点击鼠标中键)改变工作界面的方向。视图立方体和快速视图中的功能说明见表1-5-3。

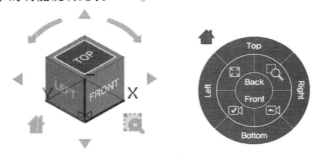

图1-5-14 视图立方体和快速视图

视图立方体和快速视图功能说明   表1-5-3

功能	说明
Left、Right、Front、Back、Top、Bottom	单击按钮让工作界面转到相应的视图:共提供6个视图,即左视图、右视图、前视图、后视图、俯视图和仰视图
	等角视图:将视图转到等角视图
	放大视图:放大框选的区域
	左右、上下旋转视图(无法旋转45°)
	绕Z轴旋转(无法旋转45°)
	等角视图:将视图转到等角视图
	放大视图:放大框选的区域
	全屏:将模型缩放到视图窗口中央
	保存视图:保存当前视图(只能保存一个视图)
	工作界面转到保存的视图

7) 输出窗口

输出窗口显示分析过程中的关键数据,并主要显示两类数据,第一类数据是警告和错误提醒,提示用户警告和错误的原因;第二类数据是模型数据和分析过程数据。

8）单位系统

（1）MeshFree 允许用户切换单位系统。如在开始时使用国际单位制（SI），可以在中途切换到英制单位。力的单位、长度单位以及热量单位都可以单独切换。力的单位包含 kgf、tonf、N、kN、lbf、kips，长度单位包含 mm、cm、m、in、ft、μm，热量单位包含 cal、kcal、J、Btu、kJ。

（2）在使用 MeshFree 进行分析时，单位系统会将数据统一转为国际单位制后进行计算。

（3）输入集中质量时，单位是 kg。

1.6　MeshFree 分析流程及相关功能介绍

MeshFree 分析分为三个步骤，分别是定义分析模型、添加荷载和边界以及结果分析，对应的软件操作是分析步骤图标开始、分析条件以及分析结果中的功能，整个分析过程简单、高效、准确。

1）定义分析模型

在开始的步骤，定义模型关键的信息。用户必须定义合适的分析类型，加载分析对象，输入材料特性和定义接触等。以上所有这些操作会对分析结果产生重要的影响，所以，在进行分析之前，应确保分析所需所有数据的准确性。

2）定义约束和荷载条件

（1）在分析条件步骤里面添加约束和荷载条件。

（2）在 MeshFree 里，出现的约束和荷载功能会根据分析类型的不同而不同。

（3）在开始步骤里就需要明确分析的目标，确定需要验证产品的哪些性能。

（4）在分析条件步骤里，边界条件、刚性连接、弹簧连接以及荷载都与分析类型相关。

3）结果分析

（1）首先，显示分析结果，结构分析默认显示变形和应力结果；对于热分析，显示温度相关结果。

（2）MeshFree 提供了丰富的后处理功能，如动画、表格、线上图、任意点结果查询等。

（3）所有的分析结果都依赖于数据的输入，如果变形和应力结果与预期的差异很大，须仔细检查输入的条件，包括材料、荷载和边界条件等。

1.6.1　开始步骤

点击"开始"按钮后，会出现 2 个功能图标，如图 1-6-1 所示。当定义分析类型之后，下一个步骤图标将被激活。

1）选择分析类型

根据分析目的选择相应的分析类型，如图 1-6-2 所示。如果有必要，也可以定义多个分析类型。也可以先定义一个分析类型，根据情况再增加新的分析类型。如果分析类型没有激活，请检查密钥号注册时的功能选择。

对于一些分析类型，需要增加一些选项。在分析之前，需要对这些选项进行适当的设置。

（1）预应力模态：勾选热传递，考虑热应力结果。

（2）拓扑优化：优化目标和约束条件选项。

（3）频率响应、随机响应以及瞬态响应：采用直接法和模态法。

图 1-6-1　开始步骤图标中的功能图标　　　　图 1-6-2　选择分析类型

2）导入几何模型

（1）导入要分析的模型，如图 1-6-3 所示。

图 1-6-3　选择几何模型并导入

①搜索接触面：当导入装配体模型时，程序将计算模型之间的装配误差，并自动生成接触对。

②自动容差：如果激活自动误差，默认设置的误差为 0.1% 的整体模型尺寸（边界尺寸）。默认情况下，自动生成的都是焊接接触。如果不需要生成接触，可钝化自动搜索接触功能。

（2）导入几何模型时，只能导入点和体，不能导入线和面。可导入的几何模型格式见表 1-6-1。

可导入的几何模型格式　　　　　　　　　　　　　　表1-6-1

分类	扩展名	兼容版本
Parasolid	x_t、xmt_txt、x_b、xmt_bin	9.0～34.0
ACIS	sat、sab、asat、asab	R1～2023.1.0
STEP	stp、step	AP203、AP214、AP242
IGES	igs、iges	Up to 5.3
Pro-E/Creo	prt、prt.*、asm、asm.*	16～Creo 9.0
Solid Works	sldprt、sldasm、slddrw	98～2023
CATIA V4	model、exp、session	4.1.9～4.2.4
CATIA V5	CATPart、CATProduct	V5 R8～V5-6R2022
Unigraphics	prt	11～NX2007
Inventor Part	ipt	V6～V2023
Inventor Assembly	iam	V11～V2023
Solid Edge	par、asm、psm	V18～SE2023

1.6.2 分析条件步骤

1）材料

(1) 定义材料参数

选择材料库里面的材料,自动输入材料相关物理参数。MeshFree 有常用的材料数据库,当然用户也可以自定义材料。在材料定义窗口添加材料时(例如添加弹性或弹塑性材料),将显示材料参数输入窗口,如图 1-6-4 所示。在 MeshFree 中,可以定义各向同性线弹性材料、各向同性弹塑性材料、各向同性超弹性材料和正交各向异性线弹性材料。

(2) 编辑材料数据库

用户可以编辑 507 种材料。另外,也可以添加新的材料。用户可以添加材料库里面没有,但经常用到的材料数据。点击"编辑",打开材料数据表格,如图 1-6-5 所示,用户可以增加表单和材料数据。材料数据文件存储在安装目录下,文件名是 IBM_Matl.mat。另外,用户可以加载材料数据文件。

(3) 分配材料

在分析之前需要给每个部分分配材料,否则分析无法进行。MeshFree 提供多种材料定义方法。

①方法 1:在材料定义窗口分配材料。

在材料定义阶段,用户可以给每个部件指定相应的材料,按照如图 1-6-6 所示步骤进行设置。

②方法 2:通过模型设置窗口指定材料。

通过模型设置窗口指定材料有两种方式,如图 1-6-7 所示。第一种方式是选择一个部件,点击鼠标右键,在弹出的菜单中指定材料,通过按住 Ctrl 和 Shift 键可以同时选择多个部件。第二种方式是通过拖放的方式分配材料,即选择一种材料,拖动材料给指定的部件。

图 1-6-4　定义各向同性弹性或弹塑性材料

midas NFX Material Editor - IBM_Matl.mat

文件(F)

	名称	弹性模量(N/mm^2)	泊松比	剪切模量(N/mm^2)	热膨胀系数	重量密度(N/mm^3)	质量密度(kg/mm^3)	结构阻尼	参考温度	热传导率(W/mm/[T])	比热(J/kg/[T])	热源系数	拉伸极
1	17-4PH, H1100	202000	0.276	90300	1.28e-005	7.66829e-005	7.82e-006	0	0	0.018	486.5	1	
2	AISI 1020	200000	0.29	77000	1.5e-005	7.74674e-005	7.9e-006	0	0	0.047	420	1	
3	AISI 1060	212000	0.29	82500	1.1e-005	7.69771e-005	7.85e-006	0	0	0.0506	500	1	
4	AISI 304 SS Annealed	197000	0.27	77500	1.7e-005	7.80067e-005	7.955e-006	0	0	0.0156	510	1	
5	AISI_310_SS	193140	0.3	0	1.512e-005	7.774e-005	7.9278e-006	0	20	0.013702	500	1	
6	AISI_410_SS	219360	0.268	0	1.008e-005	7.58373e-005	7.73377e-006	0	20	0.024961	460	1	
7	AISI_Steel_1005	200000	0.25	0	1.26e-005	7.7183e-005	7.871e-006	0	20	0.056	481	1	
8	AISI_Steel_1008-HR	207000	0.25	0	1.26e-005	7.71928e-005	7.872e-006	0	20	0.0652	481	1	
9	AISI 4340 Annealed	205000	0.284	0	1.23e-005	7.69771e-005	7.85e-006	0	20	0.0445	475	1	
10	AISI_Steel_Maraging	183000	0.31	0	1.01e-005	7.8448e-005	8e-006	0	20	0.0253	0	1	
11	Alloy Steel	210000	0.28	79000	1.3e-005	7.55062e-005	7.7e-006	0	0	0.05	460	1	
12	Cast Alloy Steel	190000	0.285	78000	1.5e-005	7.15838e-005	7.3e-006	0	0	0.038	440	1	
13	Cast Carbon Steel	200000	0.32	76000	1.2e-005	7.64868e-005	7.8e-006	0	0	0.03	500	1	
14	Cast Stainless Steel	190000	0.26	79000	1.5e-005	7.55062e-005	7.7e-006	0	0	0.037	520	1	
15	Chrome Stainless Steel	200000	0.28	77000	1.1e-005	7.64868e-005	7.8e-006	0	0	0.018	460	1	
16	FC250	132300	0.3	85995	0	7.06032e-005	7.2e-006	0	0	0.0432	503	1	
17	Galvanized Steel	200000	0.29	0	0	7.71732e-005	7.87e-006	0	0	0	0	1	
18	Hp-1	193000	0.3	125450	1.62e-005	7.72713e-005	7.88e-006	0	0	0	0	1	
19	Hp-4	193000	0.3	125450	1.62e-005	7.72713e-006	7.88e-006	0	0	0	0	1	
20	Inconel_718_Aged	198000	0.29	0	1.3e-005	8.03111e-005	8.19e-006	0	20	0.0114	435	1	
21	Plain Carbon Steel	210000	0.28	79000	1.3e-005	7.64868e-005	7.8e-006	0	0	0.043	440	1	
22	S/Steel_PH15-5	200000	0.28	0	1.08e-005	7.66528e-005	7.81693e-006	0	20	0.017884	420	1	
23	SAPH-400	210000	0.29	135450	0	7.73693e-005	7.89e-006	0	0	0	0	1	
24	SE508	45000	0.3	29250	0	6.3739e-005	6.5e-006	0	0	0	0	1	
25	SGACC	210000	0.29	135450	0	7.73693e-005	7.89e-006	0	0	0	0	1	
26	SGACEN	210000	0.29	135450	0	7.73693e-005	7.89e-006	0	0	0	0	1	
27	SGARC340-E	210000	0.29	135450	0	7.73693e-005	7.89e-006	0	0	0	0	1	
28	SGCC	210000	0.29	135450	0	7.73693e-005	7.89e-006	0	0	0	0	1	
29	SGCD1	210000	0.29	135450	0	7.73693e-005	7.89e-006	0	0	0	0	1	
30	Steel	206940	0.288	0	1.179e-005	7.67712e-005	7.829e-006	0	20	0.055672	0	1	
31	Steel_Rolled	206000	0.3	0	1.728e-005	7.69771e-005	7.85e-006	0	20	0.014	434	1	
32	SUS304	196500	0.27	77500	1.7e-005	7.80067e-005	7.955e-006	0	0	0.0157	510	1	
33	SUS316	197000	0.27	78000	1.65e-005	7.81538e-005	7.97e-006	0	0	0.015	510	1	
34	SUS316L	197500	0.27	78000	1.65e-005	7.81538e-005	7.97e-006	0	0	0.015	510	1	
35	Wrought Stainless Steel	200000	0.26	79000	1.1e-005	7.8448e-005	8e-006	0	0	0.019	500	1	
36	Ductile Iron	120000	0.31	77000	1.1e-005	7.74674e-005	7.9e-006	0	0	0.075	450	1	
37	Gray Cast Iron	66178	0.27	50000	1.2e-005	7.06032e-005	7.2e-006	0	0	0.045	510	1	
38	Iron_40	126200	0.25	0	1.08e-005	7.05248e-005	7.192e-006	0	20	0.052	0	1	
39	Iron_60	131000	0.25	0	1.08e-005	7.3241e-005	7.469e-006	0	20	0.052	0	1	
40	Iron_Cast_G25	90000	0.3	0	1.05e-005	7.01129e-005	7.15e-006	0	20	0.058	0	1	
41	Iron_Cast_G40	140000	0.25	0	1.08e-005	7.01129e-005	7.15e-006	0	20	0.052	0	1	
42	Iron_Cast_G60	158000	0.25	0	1.08e-005	7.01129e-005	7.15e-006	0	20	0.052	0	1	
43	Iron_Malleable	179300	0.25	0	1.35e-005	7.21525e-005	7.358e-006	0	20	0.05106	0	1	
44	Iron_Nodular	162000	0.25	0	1.188e-005	6.97109e-005	7.109e-006	0	20	0.03461	506	1	
45	Malleable Cast Iron	190000	0.27	86000	1.2e-005	7.15838e-005	7.3e-006	0	0	0.047	510	1	
46	1060 Alloy	69000	0.33	45885	2.36e-005	2.64762e-005	2.7e-006	0	20	0.231	300	1	
47	1345 Alloy	69000	0.33	27000	2.4e-005	2.64762e-005	2.7e-006	0	0	0.22	1000	1	
48	1350 Alloy	69000	0.33	27000	2.4e-005	2.64762e-006	2.7e-006	0	0	0.23	1000	1	
49	2014 Alloy	73000	0.33	28000	2.3e-005	2.74568e-005	2.8e-006	0	0	0.16	960	1	
50	2018 Alloy	74000	0.33	27000	2.2e-005	2.74568e-005	2.8e-006	0	0	0.15	1000	1	

All / Steel / Iron / Aluminum Alloys / Other Alloys / Copper and its Alloys / Plastics / Other Metals / Silcons / Other Non-metals / ASTM(S) / CSA(S) / BS(S) / DIN(S) / EN(S) / UNI(S) / JIS(S)

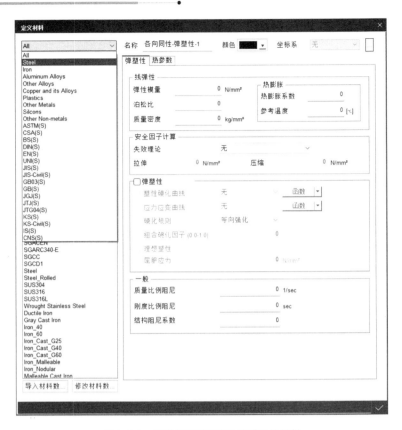

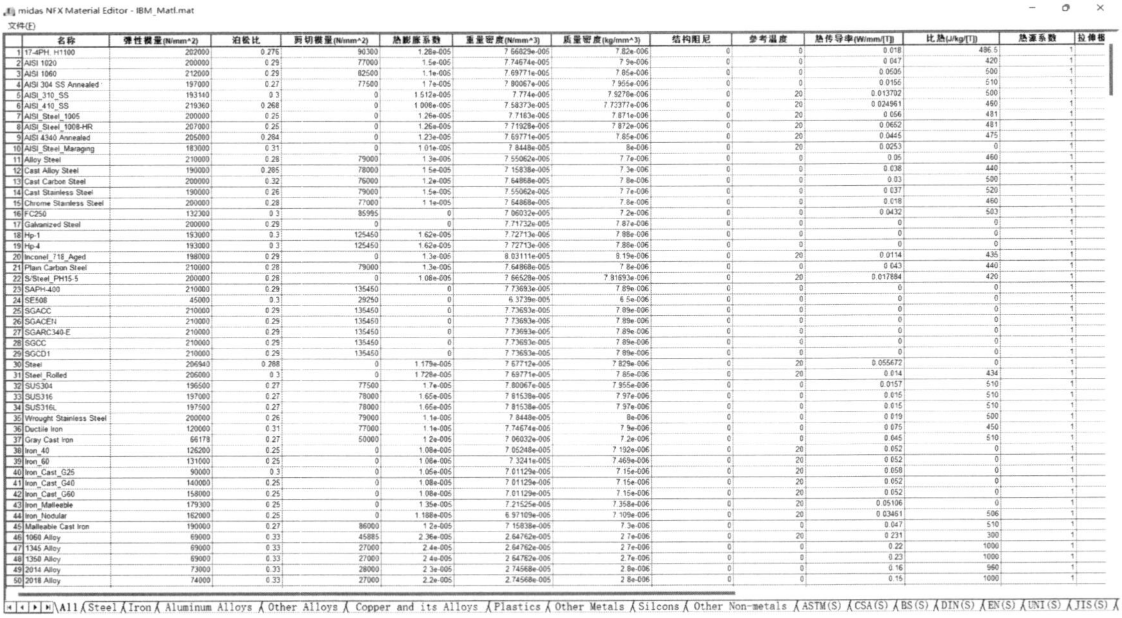

图 1-6-5　材料数据表格

第1章 认识MeshFree

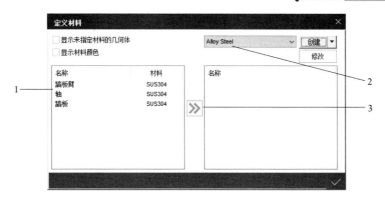

图1-6-6 在材料定义窗口分配材料

1-选择需要指定材料的部件,通过按住Ctrl和Shift键可以同时选择多个部件;2-选择一种需要分配的材料;3-点击双箭头按钮,材料栏下的"未分配"会变为选择的材料名称

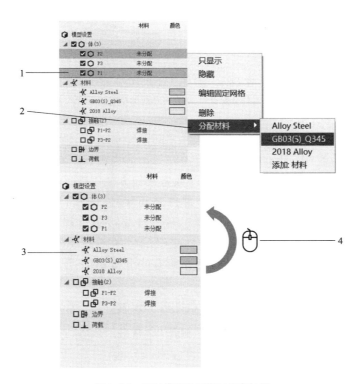

图1-6-7 通过模型设置窗口指定材料

1-选择需要分配材料的部件,点击鼠标右键弹出菜单;2-选择分配材料,并选择相应的材料;3-选择一种材料;4-通过鼠标拖放来添加

③方法3:从视图窗口指定材料。

通过视图窗口指定材料有两种方式,如图1-6-8所示。通过视图窗口指定材料与通过模型窗口指定材料相似。第一种方式是选择一个部件,点击鼠标右键,在弹出的菜单中指定材料。如果选择多个部件,用户通过多种选择部件的方式实现。第二种方式是通过鼠标拖放的方式实现,先选中材料,然后拖放到相应的部件;或者先选中部件,然后点击鼠标拖放材料。

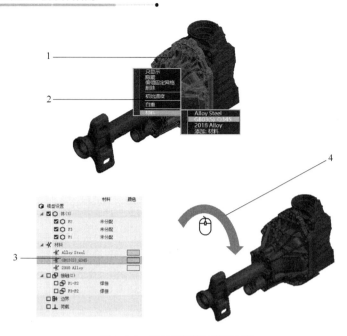

图 1-6-8 通过视图窗口指定材料

1-选择部件,点击鼠标右键弹出菜单;2-选择分配材料,并选择相应的材料;3-选择一种材料;4-通过鼠标拖放来添加

2）接触

在 MeshFree 中,"接触"用来定义装配部件之间的协调性或连续性。一般地,在进行分析时所有的部件必须是连在一起的。另外,需要添加边界条件,以保证整个模型不发生刚体位移。当处理多个部件时,如果不使用接触条件或者其他方法以保证部件的连续性,可能会发生奇异性错误。严格来说,接触问题涉及两个部件之间接触状态的改变,包括最初分离然后接触、最初接触然后分离以及通常发生的接触过程。这些接触过程需要采用非线性分析。在 MeshFree 和其他一些商用有限元软件中,线性接触的目的不是模拟一般的接触问题,而是保证部件之间的连续性。这些线性接触可以用在所有的分析里面,而非线性接触只能在非线性分析中使用。

MeshFree 提供三种接触类型,它们的特点见表 1-6-2。

三种接触类型特点 表 1-6-2

接触类型	焊接接触（线性）	滑动接触（线性）	一般接触（非线性）
特点	（1）切向无相对滑动,法向不允许分离。 （2）保证相邻部件的连续性。 （3）自动生成的接触对都是焊接接触	（1）法向不允许分离,切向允许小位移滑动。 （2）保证相邻部件的连续性	（1）切向和法向都允许有相对位移。 （2）允许存在间隙。 （3）可应用于大变形或者大旋转
图示	法向不允许分离 切向不允许滑动	法向不允许分离 切向允许小位移滑动	法向可分离 切向可滑动

续上表

接触类型	焊接接触(线性)	滑动接触(线性)	一般接触(非线性)
适用条件	(1)适用于装配体结构部件之间不允许分离和相对滑动的情况。 (2)不用输入摩擦系数	(1)适用于发生小位移滑动的情况。 (2)不用输入摩擦系数	(1)适用于大变形的情况。 (2)需要输入摩擦系数

生成接触的方式有三种:一种是导入 CAD 模型时自动生成接触;另外两种是导入 CAD 模型后生成接触,分别为自动接触和手动接触。

(1)导入 CAD 模型时自动创建接触如图 1-6-9 所示,创建的接触类型是焊接接触。

图 1-6-9　导入 CAD 模型时自动创建接触
1-选择 CAD 文件;2-勾选搜索接触面,选择自动容差;3-打开 CAD 文件

(2)导入 CAD 模型后自动创建接触如图 1-6-10 所示。

①定义接触方法:自动接触。

②选择对象:选择需要搜索接触的部件。

③接触类型:根据模型具体的情况,选择相应的接触类型,焊接接触、滑动接触以及一般接触,选择一般接触时,需要设置接触相关的参数。

④摩擦系数:定义接触面之间的摩擦系数。

⑤法向刚度比例因子:这个参数值用来保证发生接触时的接触力。如果增大这个参数值,那么收敛性会降低;如果减少这个参数值,收敛性会增加,但是会有侵入现象。推荐使用默认设置。

⑥切向刚度比例因子:这个参数值用来保证发生接触时,在剪切方向的接触力。

⑦接触容差:可选择自动容差和手动容差。应用自动容差时,自动容差值＝所选几何体的特征尺寸×自动接触容差系数;应用手动容差时,由用户手动输入。

(3)导入 CAD 模型后手动创建接触如图 1-6-11 所示。

①定义接触方法:手动接触。

②选择对象:选择形成接触对所对应的接触面。

③其余功能解释同(2)。

图 1-6-10　导入 CAD 模型后自动创建接触　　图 1-6-11　导入 CAD 模型后手动创建接触

3) 边界条件

分析条件中的边界条件主要用于给模型添加约束条件和必要的连接条件,如刚性连接和弹簧。

(1) 约束条件:约束选择对象的自由度,操作界面如图 1-6-12 所示。若需要约束转动自由度,则需要借助刚性连接,通过约束刚性连接的控制点,来约束转动自由度。

(2) 刚性连接(rbe2):在选择对象的中心位置形成一个控制点,控制点和选择对象之间形成完全刚性的连接,操作界面如图 1-6-13 所示。控制点也可以由用户自主定义。

(3) 弹簧连接:在对象之间形成弹簧,需要定义弹簧的刚度,操作界面如图 1-6-14 所示。

图 1-6-12　定义边界条件　　图 1-6-13　定义刚性连接　　图 1-6-14　定义弹簧连接

4)荷载

"荷载"界面用于添加分析对象所承受的荷载。根据当前处于激活状态的分析工况,程序会显示与该工况相匹配的荷载。

(1)线性分析、非线性静力分析、拓扑优化分析可施加的荷载如图 1-6-15 所示。

图 1-6-15　线性分析、非线性静力分析、拓扑优化分析可施加的荷载

(2)稳态和瞬态热传递分析可施加的荷载如图 1-6-16 所示。

图 1-6-16　稳态和瞬态热传递分析可施加的荷载

(3)稳态热应力分析可施加的荷载如图 1-6-17 所示。

图 1-6-17　稳态热应力分析可施加的荷载

(4)模态分析可施加的荷载如图 1-6-18 所示。

图 1-6-18　模态分析可施加的荷载

(5)预应力模态分析可施加的荷载如图 1-6-19 所示。

图 1-6-19　预应力模态分析可施加的荷载

(6)瞬态响应分析可施加的荷载如图 1-6-20 所示。

图 1-6-20　瞬态响应分析可施加的荷载

(7)频率响应和随机响应分析可施加的荷载如图 1-6-21 所示。

图 1-6-21　频率响应和随机响应分析可施加的荷载

(8)反应谱分析可施加的荷载如图 1-6-22 所示。

图1-6-22 反应谱分析可施加的荷载

5）运行分析

在 MeshFree 中,有两种方式提交计算。第一种方式是点击分析条件中的运行分析。这种方式的好处是可以一次提交多个分析工况。第二种方式是在分析窗口中,右键单击某一分析工况,选择运行分析。通过这种方式一次只能提交一个分析工况。

（1）方式1

在运行分析窗口选择需要提交求解的分析工况(可选多个),如图1-6-23所示。

①分析工况选择:勾选要计算的分析工况。

②分析前检查约束/接触条件:需选择是否在分析前检查约束/接触条件。激活后将在开始分析之前自动检查模型的约束和接触条件是否充分。当约束或接触不充分时,部件可能处于刚体运动状态,造成计算过程中的奇异。激活该选项,可提前发现未充分约束的部件,指导用户进行边界条件的修改。

（2）方式2

在分析窗口右键选择某一分析,选择"运行分析",如图1-6-24所示。

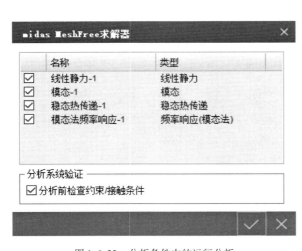

图1-6-23 分析条件中的运行分析

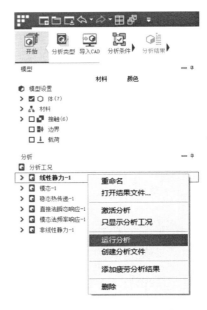

图1-6-24 分析窗口中的运行分析

6）更新模型

当用户对现有的计算模型中的几何模型进行修改后,若希望重新应用现有边界条件,可使用更新模型的功能。将修改后的几何模型导入后,之前的边界条件都能够重新应用,如图1-6-25所示。

7）背景网格控制

MeshFree 提供两种背景网格的控制方法,一种是自动定义背景网格,另一种是用户自定义背景网格,如图 1-6-26 所示。

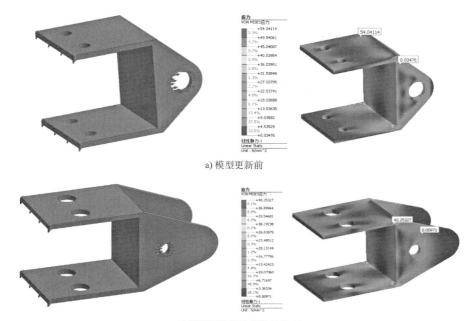

a) 模型更新前

b) 模型更新后(改变孔的尺寸)

图 1-6-25 模型更新前后对比

a) 自动定义背景网格

b) 用户自定义背景网格

图 1-6-26 自动定义和用户自定义背景网格

(1) 自动-相对网格密度:可选最大、中间和最小三种模式。注意这里指的是网格密度。
(2) 用户定义:有网格尺寸和划分数量两种方式。
(3) 刻面因子:对几何表面进行三角化处理,提高接触计算的精度。
(4) 使网格对齐几何主轴方向:背景网格的方向对齐几何主轴,而不是总体坐标系。

(5)增强积分精度:增加积分过程的积分点数量,以提高积分精度,但会一定程度增加计算量。

当使用自动定义网格时,背景网格大小根据分配的计算机内存进行控制。计算机内存越大,背景网格越密。设置自动网格参考内存如图1-6-27所示。

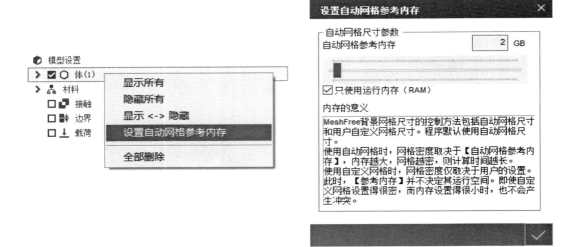

图1-6-27 设置自动网格参考内存

当使用用户自定义网格时,参考内存并不会影响网格尺寸,网格密度完全由用户来决定。

1.6.3 分析结果步骤

分析完成后,程序会自动跳转至分析结果部分,可通过云图、表格、点值、线上图等多种方式查看结果,如图1-6-28所示。

图1-6-28 查看结果

(1)能量误差分析:根据应变能和应变能误差计算归一化总误差,从而指导网格密度的调整。

(2)点值:通过鼠标点选任意点,查看该位置的结果点值。

(3)计算反作用力:计算约束部位的反力和反力矩。

(4)线上图:查看某一路径(边或者两点)上的结果值,及其变化趋势。

(5)导入分析结果:导入已有的分析结果文件。

(6)选择结果对比点:应用自动更新功能时,选择进行结果对比的结果点。

(7)对比结果:查看对比点的结果值。

(8)缩放:查看结果时,设置视图缩放的倍数,仅从视觉上缩放。

(9)指数/固定:选择结果值是以指数显示,还是以常规数值显示。

(10)无固定网格/固定网格:选择是否显示结构化网格。

(11) 小数点位数:选择小数点后面的位数。
(12) 显示云图:勾选显示结果云图。
(13) 平滑云图:选择平滑云图后,结果变化具有连续性。
(14) 显示特征线:勾选显示几何特征线。
(15) 图例:勾选显示颜色条,其显示颜色与数值的对应关系。
(16) 最大/最小值:勾选显示结果的最大、最小值。
(17) 动画:勾选显示动画工具栏。

第2章 线性静力分析

线性静力分析是结构仿真分析的基础,主要研究结构在静止状态或者动态平衡状态下的受力和变形情况,不考虑阻尼和惯性效应。在这种分析中,假设结构的变形行为服从线性弹性理论,即应力与应变之间的关系是线性的,而加载条件是静态的,不考虑时间效应。

2.1 力学基本概念

2.1.1 力的作用

力具有大小、方向和作用点三个要素,单位是 N,符号用 F 表示。

力可以使有质量的物体改变其速度(例如使静止的物体发生运动),即产生加速度;力也可以使弹性体产生变形。

力可以直观地描述为"推"或者"拉"。力还可以直观地描述为"弯曲"和"扭转"。我们的感官认识是:使物体发生弯曲或者扭转需要很大的力。实际上,只要力臂足够大,很小的力可以产生很大的作用效果。这一规律在人类的生产实践中发挥了巨大的作用。这些弯曲力矩和扭转力矩都称为力矩,它等于力和力臂的乘积。

2.1.2 主要作用力

1)按随时间的变化分类

(1)永久荷载

①结构自重:结构或者部件自身的重力。

②压力荷载:作用在结构表面的分布荷载,如水压力、土压力以及管道压力都是压力荷载。

(2)可变荷载

①温度荷载:结构在温差作用下发生膨胀和收缩而产生的荷载。产生热量的结构,如电子设备、燃烧室等需要考虑温度荷载。

②风荷载:空气流动对结构产生的压力,室外结构设计时通常需要考虑最大风荷载。

(3)偶然荷载

①地震荷载:结构由于地震而受到的惯性力,建筑物和桥梁等通常需要考虑地震荷载。

②冲击荷载:在很短的时间内,以很大的速度作用在结构上的荷载,如爆炸和冲击波。

2)按结构的反应分类

(1)静力荷载

荷载不随时间发生变化或者随时间变化的外界作用产生的惯性力可以忽略不计,如结构自重、水压力、土压力、离心力等。

(2)动力荷载

荷载随时间发生变化,产生的惯性力不能忽略不计,如冲击荷载、地震荷载等。

一般情况下,造成结构变形或者破坏是由作用在结构上的荷载导致的。在固体力学当中,这些力称为荷载或者外力。为了保证产品的安全性,必须要对这些荷载进行评估。工程师必须确定每一个荷载的大小和方向,这非常重要。

2.1.3 作用力、反作用力和内力

(1) 作用力和反作用力

图 2-1-1 为一个简支梁结构,A 点是固定铰支座,B 点是滚动铰支座,F_1 和 F_2 是外力荷载。外力荷载由用户直接定义。如果 F_1 是由放置的电机引起的荷载,那么 F_1 可以用电机的自重来表示。荷载评估是测试产品安全性的第一阶段。

根据牛顿第三定律,作用在两个物体上的一对作用力,方向相反、大小相等、作用在同一直线上、作用在不同的两个物体上。一般情况下,反作用力出现在约束点上,反作用的方向为运动被约束的方向。A 点被限制左右、上下移动,所以反作用力方向是水平方向 A_x 和竖直方向 A_y。另一方面,B 点可以沿着支撑面移动,其反作用力 B_y 垂直于支撑面,如图 2-1-2 所示。所有反作用力矢量和的大小与所有其他外力荷载的矢量和的大小必然相等,但方向相反。实际上,反作用力在支承设计中非常重要。例如,A_y 方向的反作用力为 100N,设计时可能需要 10 个承受力为 10N 的螺栓。

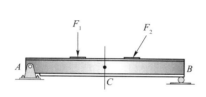

图 2-1-1 简支梁结构

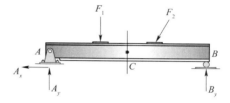

图 2-1-2 作用力和反作用力

(2) 内力

作用力和反作用力都是外力,它们大小相等,方向相反,使结构处于平衡状态。沿着截面将结构分为两个部分,这两部分还将处于平衡状态。定义在截面上的力为内力,如图 2-1-3 所示。图中,V_C 为剪力,N_C 为轴力,M_C 为弯矩。每一部分的内力和外力相平衡。两个部分截面上的内力互为作用力和反作用力。

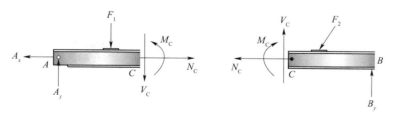

图 2-1-3 内力

2.1.4 应力和应变

1) 应力

结构受到外力作用时,其形状和位置会发生改变。同时,在物体内部会产生内力以抵抗这种变形。

应力是指单位面积的内力,用下式表示。

$$p = \lim_{A \to \infty} \frac{F}{A} \tag{2-1-1}$$

式中:p——应力;
F——内力;
A——内力作用面积。

(1)内力具有大小和方向,为矢量,因此应力也是矢量。

(2)应力 p 可以分解为与面平行的切应力 τ 和与面垂直的正应力 σ,如图 2-1-4 所示。

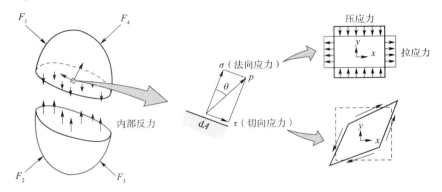

图 2-1-4　内力和应力

(3)为了表明应力的作用面和作用方向,加上一个坐标角码,如图 2-1-5 所示。例如正应力 σ_{xx} 或者 σ_x 表示作用在垂直于 x 轴的面上,同时也是沿着 x 方向作用;剪应力 τ_{xy} 表示作用在垂直于 x 轴的面上且沿着 y 方向作用。

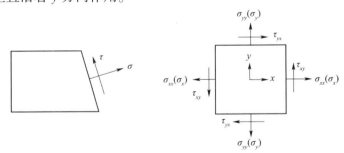

图 2-1-5　正应力和切应力

2)应变

结构在外力作用下,位置和形状会发生改变,从而产生位移、变形和应变。

(1)位移

结构空间位置的变化统称为位移,位移不一定伴随着变形,典型的例子是刚体运动。刚体运动指物体在空间的位置因平动和转动而发生改变,但是物体上任意两点之间的相对位置保持不变。

(2)变形

结构外部形状发生变化。发生变形后,物体上所有的点或者除某些点外的所有点都会发生移动,物体上任意两点之间的距离会发生改变。

(3) 应变

应变分为正应变和切应变。正应变表示物体在某一方向上的拉伸或者压缩的程度,切应变表示物体承受剪应力时的角变形量,也称为剪应变。如图 2-1-6 所示,三维圆杆沿轴向拉伸时,它的截面面积随长度的增加而减小。这里,圆杆拉伸时在轴向的伸长量 $(a+b)$ 与圆杆原长 l 的比值为正应变 ε_{xx}。形成直角的两边角变形量 $(\alpha+\beta)$ 为切应变 γ_{xy},角度用弧度(rad)表示。应变是无量纲的量。

3) 应力-应变曲线

材料的应力应变关系可以通过材料拉伸试验来确定。如图 2-1-7 所示为常见的材料拉伸试验设备。

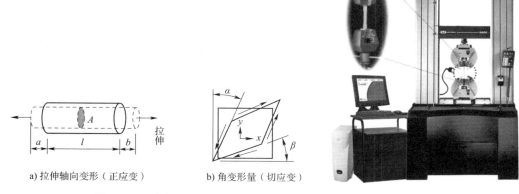

a) 拉伸轴向变形(正应变)　　b) 角变形量(切应变)

图 2-1-6　正应变和切应变　　　　图 2-1-7　材料拉伸试验设备

低碳钢是含碳量在 0.3% 以下的碳素钢,这类钢材在工程中使用较多,在拉伸试验中表现出的力学性能也比较典型。以应力 σ 为纵坐标,应变 ε 为横坐标,绘制的 σ 与 ε 的关系图,称为应力-应变曲线,如图 2-1-8 所示。

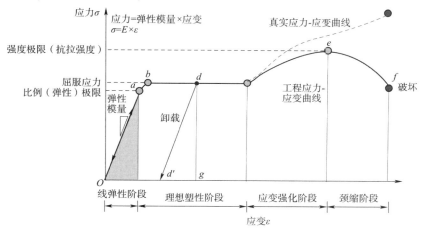

图 2-1-8　应力-应变曲线

(1) 弹性阶段

当拉伸刚开始时,图 2-1-8 中的直线 Oa 段,表明应力与应变成正比,用式(2-1-2)表示。

这就是拉伸或者压缩的胡克定律,式中 E 为与材料有关的比例常数,称为弹性模量。由公式可知,E 为直线 Oa 的斜率,ε 无量纲,因此 E 的单位与 σ 的单位一致,常用 MPa。另外,直线 Oa 段最高点 a 对应的应力 σ_p 为比例极限或弹性极限。

$$\sigma = E\varepsilon \tag{2-1-2}$$

(2)屈服阶段

当应力超过 a 点并逐渐增加时,应变有非常明显的增加,但是应力是一条水平线(实际上应力先升后降,随后做微小的波动,近似水平线)。这种应变增加明显但应力基本保持不变的现象称为屈服。图 2-1-8 中 b 点对应的应力 σ_s 称为屈服应力。

(3)强化阶段

过屈服阶段以后,材料抵抗变形的能力得到恢复,要使它继续变形必须增加拉力,强化阶段中最高点 e 对应的应力 σ_b 称为抗拉强度或者强度极限。在强化阶段,试件的横向尺寸有明显的缩小。

(4)局部变形阶段

过 e 点后,材料在某一局部范围内,横向尺寸突然急剧缩小,形成颈缩现象。由于材料在颈缩部分横截面积显著减小,因此使材料继续变形所需的拉力也随之减少,图中对应的应力-应变曲线也出现下降,直至 f 点,试件被拉断。

(5)卸载定律

把试件拉到屈服阶段的 d 点,然后逐渐卸掉拉力。此时,应力与应变关系将沿着直线 dd' 回到 d' 点。直线 dd' 与直线 Oa 近乎平行。这表明在卸载过程中,应力与应变关系是按线性规律变化,这就是卸载定律。卸载后,在应力-应变曲线中,$d'g$ 是消失掉的弹性变形,Od' 是不再消失的塑性变形。

(6)应力-应变曲线

应力-应变曲线分为工程应力-应变曲线和真实应力-应变曲线。通过拉伸试验获得荷载-位移曲线后,再除以名义面积和名义长度,就得到名义应力-应变曲线,也称为工程应力-应变曲线。这里名义的含义是,假定在拉伸过程中试件的横截面积不发生变化,即不考虑泊松效应,是基于试件的原尺寸。实际情况下,在试件的拉伸过程中,由于泊松比的存在,试件的横截面积逐渐减小,在同样条件下,其截面真实应力要大于名义应力,所以真实应力-应变曲线是考虑了实际长度变化和实际横截面积变化的情况。真实应力-应变可由工程应力-应变通过式(2-1-3)和式(2-1-4)转化而来。

$$\sigma_\mathrm{true} = \sigma_\mathrm{nom}(1 + \varepsilon_\mathrm{nom}) \tag{2-1-3}$$

$$\varepsilon_\mathrm{true} = \ln(1 + \varepsilon_\mathrm{nom}) \tag{2-1-4}$$

式中:σ_true——真实应力;

σ_nom——名义应力;

$\varepsilon_\mathrm{true}$——真实应变;

ε_nom——名义应变。

4)力和变形之间的关系

图 2-1-9 所示为圆杆的拉伸状态,在弹性阶段,当知道位移时,很容易计算应变;再利用胡

克定律,可以计算得到应力。然后根据应力与外力的关系,得到力与位移之间的关系。

由图 2-1-9 可知,圆杆拉伸时的伸长量为 δ,圆杆的长度为 L,因此圆杆的应变 ε 为:

$$\varepsilon = \frac{\delta}{L} \quad (2\text{-}1\text{-}5)$$

圆杆受到的拉力为 P,横截面积为 A,因此圆杆横截面上的正应力 σ 为:

$$\sigma = \frac{P}{A} \quad (2\text{-}1\text{-}6)$$

由式(2-1-5)和式(2-1-6),并结合胡克定律[式(2-1-2)],可得:

$$P = \frac{EA}{L}\delta \quad (2\text{-}1\text{-}7)$$

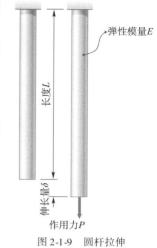

图 2-1-9 圆杆拉伸

因为圆杆拉伸时的位移就等于伸长量,所以式(2-1-7)就是圆杆拉伸时力与位移之间的关系,比例系数 $\dfrac{EA}{L}$ 称为圆杆拉伸时的刚度。

2.2 线性静力分析的概念、假设和特点

1) 概念

线性静力分析用来确定结构在给定的静力荷载作用下的响应情况,通常关心结构的位移、反力、应力和应变。在静力分析中,物体处于静止状态,不考虑惯性力和阻尼力,满足控制方程式(2-2-1)。

$$\boldsymbol{Kx} = \boldsymbol{F} \quad (2\text{-}2\text{-}1)$$

式中: $\boldsymbol{K}$ ——刚度矩阵;
　　　$\boldsymbol{x}$ ——位移向量;
　　　$\boldsymbol{F}$ ——荷载向量。

或者物体处于动态稳定状态,外荷载的作用频率远小于第一阶固有频率,惯性力等效为外荷载作用在结构上,满足控制方程式(2-2-2)。

$$\boldsymbol{Kx} = \boldsymbol{F} - \boldsymbol{M}\ddot{\boldsymbol{x}} \quad (2\text{-}2\text{-}2)$$

式中: $\boldsymbol{M}$ ——质量矩阵;
　　　$\ddot{\boldsymbol{x}}$ ——加速度向量。

2) 假设

线性静力分析需要满足材料线弹性假设、小变形假设。

(1) 线弹性假设

进行线性静力分析,材料在弹性范围内满足胡克定律。对于塑性材料,通常要求许用应力不超过屈服强度;对于脆性材料,通常要求许用应力不超过抗拉强度。屈服强度、抗拉强度含义见 2.1.4 小节的 3)部分内容。

(2) 小变形假设

小变形假设通常定义为应变不超过 0.2%。例如,对于 1m 的结构,变形大约为 2mm。

3）特点

线性静力分析最大的特点是满足线性叠加原理,可用式(2-2-3)和式(2-2-4)表示。

$$f(x+y)=f(x)+f(y) \quad (2-2-3)$$

$$f(ax)=af(x) \quad (2-2-4)$$

式中：x、y——输入值；

a——比例系数；

$f(x)$、$f(y)$、$f(ax)$——输出值。

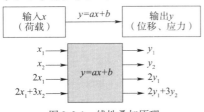

图 2-2-1　线性叠加原理

线性叠加原理也可以用图 2-2-1 表示。图中输入值用 x 表示,输出值用 y 表示,输出值与输入值之间满足关系式 $y=ax+b$,式中 a、b 是系数。如果输入为 x_1 时,输出为 y_1；输入为 x_2,输出为 y_2,那么当输入为 $2x_1$ 时,输出为 $2y_1$；当输入为 $2x_1+3x_2$ 时,输出为 $2y_1+3y_2$。

由线性叠加原理的性质可知：

（1）对于多个荷载组,可以单独执行分析,然后将各荷载组的结果进行组合得到总的结果。例如线性静力分析时,自重、温度、压力荷载作用下的结果之和等于三种荷载同时作用下的结果。

（2）改变荷载大小后,无须重新进行分析或者重复分析,将结果乘以一个比例系数即可。例如线性静态分析中,当荷载增加 N 倍,结果也增加 N 倍。

2.3　材料的破坏：塑性破坏和脆性破坏

1）塑性破坏

塑性材料在常温下会出现屈服和强化现象,并伴随着大量的塑性变形。低碳钢拉伸试验中,低碳钢在出现破坏之前,出现很大的塑性变形,这种现象就叫作塑性破坏。在塑性破坏当中,除非荷载增加,否则破坏不会持续,这是因为破坏的持续需要大量的塑性应变能。塑性破坏不会突然发生,可以说,它比脆性破坏要安全。塑性破坏一个典型的例子是在金属材料拉伸试验中观察到的杯锥破坏,如图 2-3-1 所示。在拉伸试验中,塑性破坏会经历下列几个过程：

图 2-3-1　试件塑性破坏过程

（1）在达到最大拉伸荷载后,塑性变形集中在试样的局部区域,导致颈缩。

（2）在局部颈缩区域,杂质周围形成小空隙。

（3）小空隙不断生长,形成裂缝。

（4）裂缝不断生长,直至试样表面。

（5）与拉伸方向呈 45°角方向上,裂缝不断扩散,直至断裂。

2）脆性破坏

脆性破坏出现之前，裂纹扩散速度很快，几乎没有明显的塑性变形，这会导致严重的后果。像玻璃和陶瓷都是脆性材料，其出现的破坏是脆性破坏。很有必要对脆性材料的表面晶粒进行研究，大晶粒是脆性材料的特点之一。与小晶粒相比，大晶粒更容易导致脆性破坏。脆性破坏的特点是破坏发生在特定的晶体平面上，这个平面称为断裂面。由于几乎没有塑性变形，断面非常光泽。通过检查可以发现，脆性破坏形成的断面像"河流"一样，如图2-3-2所示。

图2-3-2　脆性破坏

部件的失效通常是由于应力超过部件的强度导致的。应力的类型很多，很难确定部件的失效是由拉应力、压应力还是剪应力引起的，需要根据具体情况判断，主要取决于材料性质以及材料的抗拉、抗压和剪切强度，此外，还需考虑荷载特点（静态、动态）和材料是否有裂缝。

一般来说，在静力拉伸荷载作用下，塑性材料的断裂由它的剪切强度所决定；而对于脆性材料，断裂应力由它的抗拉强度决定。这意味着对于塑性材料和脆性材料，需要不同的失效理论。区分材料是塑性的还是脆性最常用的方法是用试验拉断后的伸长率来区分，如果断后伸长率大于5%，就是塑性材料。对于大多数的塑性材料，断后伸长率都会超过10%。

目前常用的静力分析失效理论有四大强度理论，分为两类：以脆性断裂破坏为标志（最大拉应力、最大伸长线应变）和以塑性屈服破坏为标志（最大切应力、形状改变能密度）两类。第一类主要用于脆性材料，第二类主要用于塑性材料。

2.4　静力分析的失效理论：四大强度理论

1）最大拉应力理论（第一强度理论）

该理论假设：最大拉应力 σ_t 是引起材料脆性断裂的因素，即不论材料处于什么样的应力状态，只要构件内一点处的最大拉应力 σ_t（即第一主应力 σ_1）达到材料的抗拉强度 σ_b，材料就会发生脆性断裂。于是得到断裂准则为：

$$\sigma_1 = \sigma_b \tag{2-4-1}$$

用抗拉强度 σ_b 除以安全因数 n 得到许用应力 $[\sigma]$，因此第一强度理论对应的强度条件是：

$$\sigma_1 < [\sigma] \tag{2-4-2}$$

最大拉应力理论适用于脆性材料以拉应力为主的情况，没有考虑其他两个方向应力的影响，不适用于压应力为主的情况。

2）最大伸长线应变理论（第二强度理论）

该理论假设最大伸长线应变 ε_t 是引起材料脆性断裂的因素，即不论材料处于什么样的应力状态，只要构件内一点处的最大伸长线应变 ε_t（即 ε_1）达到材料的极限值 ε_u，材料就会发生脆性断裂。

单向拉伸直到拉断时伸长线应变的极限值为 $\varepsilon_\mu = \dfrac{\sigma_b}{E}$，其中 E 为弹性模量，因此第二强度理论对应的断裂准则是式（2-4-3）。

$$\varepsilon_1 = \frac{\sigma_b}{E} \tag{2-4-3}$$

由广义胡克定律得：

$$\varepsilon_1 = \frac{1}{E}[\sigma_1 - \mu(\sigma_2 + \sigma_3)] \tag{2-4-4}$$

式中：σ_1、σ_2、σ_3——第一主应力、第二主应力和第三主应力；
μ——泊松比。

代入式（2-4-3），得到断裂准则为：

$$\sigma_1 - \mu(\sigma_2 + \sigma_3) = \sigma_b \tag{2-4-5}$$

用抗拉强度 σ_b 除以安全因数 n 得到许用应力 $[\sigma]$，因此第二强度理论对应的强度条件是：

$$\sigma_1 - \mu(\sigma_2 + \sigma_3) < [\sigma] \tag{2-4-6}$$

最大伸长线应变理论适用于以压应力为主的情况。

3）最大切应力理论（第三强度理论）

该理论认为：最大切应力 τ_{max} 是引起材料塑性屈服的主要因素。即认为无论材料处于什么样的应力状态，只要构件内任意一点处的最大切应力 τ_{max} 达到材料屈服的极限值，材料就发生塑性屈服。单向拉伸下，与轴线呈45°斜截面上的 $\tau_{max} = \dfrac{\sigma_s}{2}$，其中 σ_s 为屈服应力，因此最大切应力的极限值就是 $\dfrac{\sigma_s}{2}$。任意应力状态下：

$$\tau_{max} = \frac{\sigma_1 - \sigma_3}{2} \tag{2-4-7}$$

所以第三强度理论建立的屈服准则为：

$$\frac{\sigma_1 - \sigma_3}{2} = \frac{\sigma_s}{2} \tag{2-4-8}$$

用屈服强度 σ_s 除以安全因数 n 得到许用应力 $[\sigma]$，因此第三强度理论对应的强度条件是：

$$\sigma_1 - \sigma_3 < [\sigma] \tag{2-4-9}$$

4）形状改变能密度理论（第四强度理论）

该理论应用得最广泛，其假设形状改变能密度是引起材料塑性屈服的因素，即认为无论材料处于什么样的应力状态，只要构件内任意一点处的形状改变能密度达到材料屈服的极限值性，材料就发生塑性屈服。由第四强度理论建立的屈服准则为：

$$\sqrt{\frac{1}{2}[(\sigma_1 - \sigma_2)^2 + (\sigma_2 - \sigma_3)^2 + (\sigma_3 - \sigma_1)^2]} = \sigma_s \tag{2-4-10}$$

用屈服强度 σ_s 除以安全因数 n 得到许用应力 $[\sigma]$，因此第四强度理论对应的强度条件是：

$$\sqrt{\frac{1}{2}[(\sigma_1-\sigma_2)^2+(\sigma_2-\sigma_3)^2+(\sigma_3-\sigma_1)^2]}<[\sigma] \qquad (2-4-11)$$

2.5 在 MeshFree 中进行线性静力分析

2.5.1 线性静力分析的流程

线性静力分析的流程如图 2-5-1 所示。

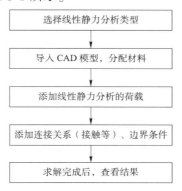

图 2-5-1　线性静力分析流程

2.5.2 线性静力分析程序界面组成

1）开始步骤菜单

如图 2-5-2 所示，开始步骤菜单包含"分析类型"和"导入 CAD"。

分析类型：选择线性静力分析，程序默认是选择线性静力分析。

导入 CAD：导入要分析的三维实体模型。

图 2-5-2　开始步骤菜单

2）分析条件步骤菜单

如图 2-5-3 所示，对于线性静力分析，分析条件步骤菜单中的功能大致可以分为三个部分。

图 2-5-3　分析条件步骤菜单

（1）材料、连接关系（接触、弹簧）以及边界条件定义功能

①CAD 模型中已经定义的材料可以随几何模型导入。

②对于单个零部件，一般定义边界条件即可，弹簧连接也可以当作边界条件使用；对于装配体，不仅需要边界条件，往往需要定义以接触为主的连接关系。

③如果装配的连接关系以及边界条件定义不正确，分析就不能进行，会出现自由度奇异。

(2)荷载定义功能

①输入分析工况对应的荷载,定义后会呈现在分析窗口的荷载组中。

②可以输入结构荷载和温度荷载。

③在分析中,荷载是非常重要的,要确保施加荷载的合理和准确。

(3)分析求解功能

①批量提交计算,多种分析工况一次性提交。

②自动更新用于设计变更,自动应用原始模型的边界条件和荷载。

3)分析结果步骤菜单

对于线性静力分析,分析结果步骤菜单如图2-5-4所示,功能解释参见第1.6.3节。

图2-5-4　分析结果步骤菜单

2.5.3　线性静力的分析条件

图2-5-5　约束条件定义界面

1)约束条件▲

约束条件定义界面如图2-5-5所示。

(1)选择目标对象添加约束条件,可以对面、边、几何点和刚性连接点进行约束,约束的方向参考全局坐标系。

(2)当模型、荷载以及边界条件对称时,可取模型的一部分进行分析,并施加约束。允许取模型的1/2或者1/4进行分析,对规模比较大的模型,非常有效。MeshFree没有几何模型处理功能,所以需要提前在CAD软件里面处理好。在MeshFree里,可以施加的对称约束平面包括XY、YZ、XZ平面,参考的是全局坐标系。

(3)默认是全约束。如果需要,也可以选择对称约束或者相应的自由度进行约束。

(4)对于面或者边,可约束的自由度只有3个平动自由度。

(5)对于几何点和刚性连接的主节点,有6个自由度(T_x、T_y、T_z、R_x、R_y、R_z)可以选择。

2)刚性连接(RBE2单元)

(1)刚性连接的刚度无穷大,但没有质量。刚性连接用来保证部件之间的连接。

(2)在刚性连接中,主节点控制从面上的所有节点,并且主从节点之间的相对位移为0。

(3)使用远程力和弯矩时,都会应用刚性连接。

(4)特别地,对于螺栓连接,可以用刚性连接来替代。

(5)对于刚度相对比较大的部件,如果位移也非常小,可以用刚性连接加集中质量的简化模型来替代。

(6)不能再从节点上面施加约束,会造成过约束现象。

(7)刚性连接定义界面如图2-5-6所示,有选择面的方式和选择点的方式。生成的刚性连接如图2-5-7所示。

图 2-5-6 刚性连接定义界面　　　　　图 2-5-7 刚性连接
1-选择面的方式(默认);2-选择点的方式

①选择面方式:选择刚性连接的从面。选择面之后,自动在面的中心位置生成刚性连接的主节点。

②选择点方式:用于已存在主节点的情况。选择主节点或者直接输入主节点的位置。只允许有 1 个主节点。在主节点上面可以施加荷载和约束。另外也要选择刚性连接的从面。

3)弹簧

(1)在选定的 2 个面或 2 个点(顶点或刚性连接点)之间生成刚度为常量的弹簧单元。

(2)用弹簧单元简化模型,可以反映结构的刚度。特别地,像橡胶支座这样的非线性部件或者其他一些复杂结构,用弹簧单元替代能够提高分析的效率。

(3)MeshFree 针对实体模型进行分析,像索、梁以及桁架,可以用弹簧单元来替代。

(4)弹簧定义对话框如图 2-5-8 所示,有面/点弹簧和接地弹簧。

图 2-5-8 弹簧定义
1-面-面弹簧或者点-点弹簧;2-激活接地连接

①面/点弹簧:需要定义弹簧单元的 Y 轴,当定义的 Y 轴方向不垂直于弹簧的方向时,根据弹簧方向和选择方向所形成的平面来确定最终的 Y 轴方向,弹簧的轴向就是 X 轴方向,用右手法则判定弹簧坐标系;输入弹簧在各个方向的刚度,1、2、3 代表 T_x、T_y、T_z,4、5、6 代表 R_x、R_y、R_z。

②接地弹簧:勾选接地连接后就变成接地弹簧,有面接地弹簧和点接地弹簧,弹簧刚度输入时参考全局坐标系。

4)重力

重力定义对话框如图 2-5-9 所示。

(1)如果考虑重力对结构的影响,那么需要定义重力荷载。

(2)可以在 X、Y 和 Z 三个方向输入重力加速度的分量,以确定重力加速度的大小和方向。方向参考的是全局坐标系,单位参考用户指定的单位系统。

(3)重力的方向和重力加速度的方向一致。

(4)如果输入重力,必须在定义材料时输入质量密度。

5)力/远程力/弯矩

集中荷载(力/远程力/弯矩)定义如图 2-5-10 所示。

(1)在面、线或点上施加集中荷载,包括集中力荷载、集中弯矩荷载、集中力荷载(远程)、集中弯矩荷载(远程)。

图 2-5-9 重力定义

图 2-5-10 集中荷载定义

(2)选择集中力荷载(远程)和集中弯矩荷载(远程)时,将自动建立刚性连接以应用远程荷载。

(3)力的方向参考全局直角坐标系。

(4)在面或线上施加集中力荷载时,可选择总力或每面/边。选择总力时,定义的力荷载的大小等于所选面(或线)上的力的总和,给每个面(或线)分配的力时采用面积(或线长)加权;选择每面/边时,定义的力荷载表示施加在每个面(或线)上的力。例如,力荷载大小为

100N,选择了 A、B 两个面。若选择总力,A 面的面积为 $2m^2$,B 面的面积为 $4m^2$,则分配给 A 面的力为 $100 \times [2/(2+4)] = 33.33N$,分配给 B 面的力为 $100 \times 4/6 = 66.67N$。若选择每面/边,则分配给每个面的力均为 100N。

6)集中质量

(1)对于刚度较大的部件或者只关心重量的部件,如果它们几何形状的变化影响很小,那么可以用集中质量来代替它们。

(2)只用一个节点来表示。

(3)质量加在确定好的点或者结构的重心位置,然后用刚性连接与其他部件相连。

(4)静力学分析中,当没有定义自重时,不会有质量效应。

(5)在模态/动力分析中,质量分布很重要,因此常使用质量单元(汽车或摩托车发动机、泵以及机械设备电动机)。

(6)要考虑质量,必须在材料定义中输入密度。

(7)集中质量有面施加方式和点施加方式,如图 2-5-11 所示。

①面施加方式:这种方式需要选择要省略的部件,并需要指定连接的面/点,选择部件后可自动计算质量,也可手动输入质量。

②点施加方式:选择作为集中质量点的刚性连接点,并输入集中质量大小。

图 2-5-11 集中质量定义
1-面方式;2-点方式

7)压力

(1)在面上施加压力荷载,包括均布压力和分布压力。分布压力最常见的应用是模拟随深度变化的静水压力。

(2)压力荷载的方向可以是面的法向或通过向量来定义,以法向用得最为频繁。

(3)应用分布压力时,最终的压力值等于压力 P 和分布函数的乘积。

(4)压力定义有均布压力和分布压力定义两种方式,如图 2-5-12 所示。

①均布压力:输入均布压力的大小,方向默认是法向,也可以通过向量来定义;如果考虑几何非线性,可勾选在几何非线性中运用跟随力,此时压力荷载的方向会随着几何发生变形而改变。

②分布压力:定义参考点,作为分布压力计算的起始点;定义轴向,表示分布压力的变化方向;定义分布压力的变化方式,包括变化率和分布表,其中变化率表示变化的斜率,斜率为定值。

分布表可定义变化率随深度变化而变化,如图 2-5-13 所示,图中 X 值表示与参考点的距离。

图 2-5-12　压力定义界面
1-均布压力；2-分布压力

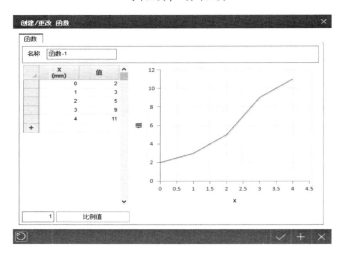

图 2-5-13　分布表定义

8) 扭矩
(1) 在面上施加扭矩荷载。
(2) 如果在多个面上施加,可以选择总扭矩施加或者单个扭矩施加。"总和"表示定义的荷载是所选择几何面的总和；"单个"表示定义的荷载为施加在每个面上的扭矩值。
(3) 在施加扭矩荷载时,需要定义轴。

（4）定义扭矩界面如图2-5-14所示。MeshFree提供三种定义扭矩轴线的方法。第一种是参考面：此功能适用于圆弧，选择圆弧平面会自动将圆弧的中心定义为扭矩荷载输入点；第二种是基准点和向量：通过原点和向量定义旋转轴；第三种是连接两点向量：选择开始点和结束点定义旋转轴。定义扭矩结果如图2-5-15所示。

图2-5-14　定义扭矩界面　　　　图2-5-15　定义扭矩结果

9）离心力

（1）在旋转系统上施加的离心力荷载。

（2）和重力一样，离心力是针对整体系统，而非单个部件施加。

（3）旋转输入方式分为转速或者弧度。

（4）输入离心力，需要定义旋转轴。

（5）定义离心力界面如图2-5-16所示。MeshFree提供三种定义离心力参考方向（旋转轴线）的方法。第一种是参考面，该功能适用于圆弧面，选择圆弧面后，程序会自动将圆弧面中心线定义为离心力旋转轴线；第二种是基准点和向量，即通过原点和向量定义离心力旋转轴线；第三种是连接两点向量，即选择开始点和结束点定义离心力旋转轴线。离心力定义结果如图2-5-17所示。

10）位移

（1）在面上施加强制平动位移和转动位移，此时位移也成为一种荷载。

（2）强制位移也可以施加在约束的平面上。

（3）如制造中的误差，需要施加强制位移时，可以用该功能。

（4）定义位移界面如图2-5-18所示，施加时参考的是全局坐标系。

11）初始温度

（1）初始温度和温度荷载用来计算由温度引起的变形和应变。

（2）热变形是由于系统与外部环境之间的温度差异引起的膨胀和收缩，热应变计算公式如式（2-5-1）所示。

$$\varepsilon_T = \alpha(T - T_0) \tag{2-5-1}$$

式中：ε_T——热应变；

α——热膨胀系数；

T_0——初始温度；

T——外部温度。

图 2-5-16　定义离心力界面

图 2-5-17　定义离心力结果

(3) 用于定义系统的初始温度,不能定义单个部件的初始温度。

(4) 如果未定义初始温度,默认为 25℃。

(5) 定义初始温度界面如图 2-5-19 所示。

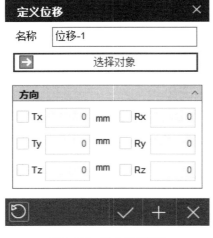
图 2-5-18　定义位移界面

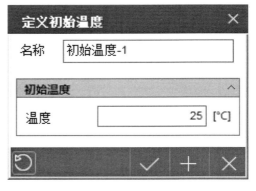
图 2-5-19　定义初始温度界面

12) 温度荷载🌡

(1) 给选定的部件施加温度荷载。

(2) 计算结构的温度变形或应变,需要在定义材料的时候输入热膨胀系数 α。

(3) 定义温度荷载界面如图 2-5-20 所示。

2.5.4　线性静力的分析结果

线性静力分析提供的后处理结果如图 2-5-21 和图 2-5-22 所示。

图 2-5-20 定义温度荷载界面

图 2-5-21 分析结果步骤菜单后处理功能

1）下拉菜单结果类型

Meshfree 计算完成后提供以下结果类型。

（1）位移：总位移 XYZ、位移 X、位移 Y、位移 Z。总位移是整体变形的一个标量，计算公式如式(2-5-2)所示。位移 X、位移 Y、位移 Z 是位移分量，基于整体坐标系的 X、Y、Z 三个方向的变形量。一般地，刚度条件为总位移＜变形允许值。

$$U_{\text{total}} = \sqrt{U_X^2 + U_Y^2 + U_Z^2} \tag{2-5-2}$$

式中：U_{total}——总位移 XYZ；

U_X——位移 X；

U_Y——位移 Y；

U_Z——位移 Z。

（2）应力：von Mises 应力、最大主应力、中间主应力、最小主应力、正应力（XX、YY、ZZ）、切应力（XY、YZ、ZX）。von Mises 应力的计算公式如式(2-5-3)所示。最大主应力 σ_1、中间主应力 σ_2、最小主应力 σ_3 称为应力不变量，其值与整体坐标系无关。正应力（XX、YY、ZZ）、切应力（XY、YZ、ZX）是基于总体坐标系的一点处的应力。强度的评价可参见 2.4 节。

图 2-5-22 下拉菜单后处理结果

$$\sigma_e = \sqrt{\frac{1}{2}\left[(\sigma_1 - \sigma_2)^2 + (\sigma_2 - \sigma_3)^2 + (\sigma_3 - \sigma_1)^2\right]} \tag{2-5-3}$$

式中：σ_e——von Mises 应力；

σ_1——最大主应力（第一主应力）；

σ_2——中间主应力（第二主应力）；

σ_3——最小主应力（第三主应力）。

（3）应变：von Mises 应变、正应变（XX、YY、ZZ）、切应变（XY、YZ、ZX）。正应变（XX、YY、ZZ）、切应变（XY、YZ、ZX）是基于总体坐标系的一点处的应变。

(4)接触：焊接接触区域。

注：如果 MeshFree 只显示部分结果，请关注 midas 机械事业部官方微信公众号 midas-jixie，并搜索《midas MeshFree 如何查看更多应力应变结果?》。

2)能量误差分析

在线性静力分析的后处理中，MeshFree 提供了基于应力误差定义的应变能误差分析，也就是能量误差分析。能量误差分析结果中的归一化总误差可为分析网格尺寸带来的误差提供依据。能量误差分析结果如图 2-5-23 所示。

能量误差分析

离散误差估计

子工况：Linear Static

每个部件的应变能和误差能

名称	单位体积应变能(应变能密度)	单位体积应变能误差(应变能误差密度)	应变能百分比	应变能误差百分比
Nut_01	0.000161	3.76e-006	0.01	0.04
Hitch	0.0298	0.000224	79.5	96.8
Tube	0.0024	2.11e-006	20.4	2.9
Nut_02	0.000161	3.76e-006	0.01	0.04
Bolt_01	0.000209	2.31e-006	0.07	0.12
Bolt_02	0.000209	2.31e-006	0.07	0.12

总应变能和总误差

应变能总和	应变能误差总和	归一化总误差[%]
65.9	0.407	7.86

图 2-5-23　能量误差分析结果

(1)应变能百分比：每个部件应变能占系统总应变能的比例。部件的应变越大，它的应变能百分比越大。

(2)应变能误差百分比：部件应变能误差占系统应变能误差总和的比例。部件的应变能百分比的大小规律与应变能误差百分比的大小规律一定是一致的。

(3)归一化总误差：通过归一化总误差判断网格密度是否足够。网格越密，归一化总误差越小。为了提高结果的可信度，归一化总误差应小于 10%。如果计算资源存在限制，该值也建议不要超过 15%。如果归一化总误差大于 15%，则应调整以下部件。

①能量百分比高的部件。

②能量百分比和能量误差百分比差异比较大的部件。

3)点值

(1)显示任意所选目标点的结果值。

(2)MeshFree 不像传统有限元只能按节点提取结果，它可以按照所选点的坐标值提取结果。

(3)如果希望特别准确地选择一个点，建议事先定义好点。

(4)点值处理功能如图 2-5-24 所示，位移点值结果如图 2-5-25 所示。

4)计算反作用力

(1)计算部件约束位置的约束反力和反力矩，可选择面、线或点。

图 2-5-24 点值处理功能

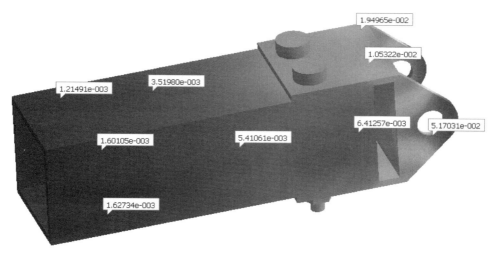

图 2-5-25 位移点值结果(单位:mm)

(2)约束反力与输入荷载的大小相等,但方向相反。
(3)如果结果与预期的不相符,可以通过检查反力值来判断输入荷载的正确与否。
(4)反力是部件受约束引起的。用反力值可以设计连接件(螺栓、焊接以及结构基础等)。
(5)反作用力计算功能以及结果如图 2-5-26 所示。

5)线上图 ⌒

(1)显示两点之间的结果曲线,用曲线上每点的高度来表示该点的结果值。
(2)可以直观地看到应力或者位移变化曲线。
(3)线上图功能和结果如图 2-5-27 所示。

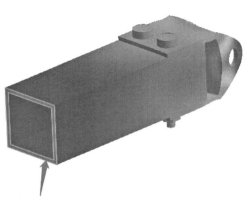

图 2-5-26 反作用力计算功能和结果

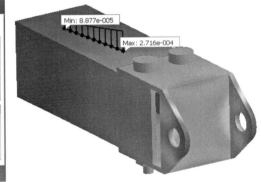

图 2-5-27 线上图功能和结果

6) 导入分析结果

如果结果文件(*.nfxp)和模型文件(*.mef)不在同一个文件夹下时,程序不会自动读取,此时可以通过应用导入分析结果功能来导入结果文件。导入结果文件界面如图 2-5-28 所示。

图 2-5-28 导入结果文件界面

7)选择结果对比点

(1)在需要对比的计算模型中,选择一个或多个点作为结果对比点,将在"对比结果"功能中得到应用。

(2)在几何模型中点选1个点后,必须点击"添加"才能将该点注册到结果点的列表中。

(3)要删除或修改列表中的某个结果点,必须勾选前面的多选框。

(4)选择1个点后,会显示该点的坐标,以及该点对应的结果值。

(5)如图 2-5-29 和图 2-5-30 所示,在模型 1 中选择了两个对比点,在模型 2 中也选择了两个对比点。一般地,模型 1 中"对比值-1"所对应的对比点位置与模型 2 中"对比值-1"的应该一致,模型 1 中"对比值-2"所对应的对比点位置与模型 2 中"对比值-2"的也应该一致。

图 2-5-29　选择模型 1 对比点

图 2-5-30　选择模型 2 对比点

8)对比结果

(1)选择不同的计算模型,对比相关数据,包括结果的最大值、最小值、体积、质量。

(2)对比时,选择参与对比的工况。

(3)必须单独选择需要参与对比的结果对比点。

(4)如图 2-5-31 所示,先选择要对比的工况 Project-1 和 Project-2,然后在"选择结果点"里面选择之前定义的每个工况下的对比点,即对比值-1 和对比值-2。

图 2-5-31　对比结果

9)变形缩放倍数

(1)对模型的变形效果进行缩放,可选择"缩放(×1)""缩放(×0.5)""缩放(×2)""实际""变形前"。

(2)需要说明的是,缩放仅仅是从视觉上进行缩放,具体的结果值并没有改变。

(3)缩放效果如图 2-5-32 所示。

10)选择是否在结果中显示网格

选择在结果中是否查看固定网格,如图 2-5-33 所示。

11)结果数据显示方式

(1)选择结果数据的显示方式,是指数还是固定。

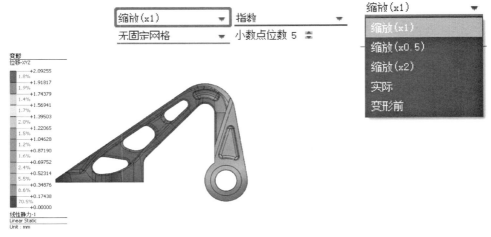

a) 变形前

图　2-5-32

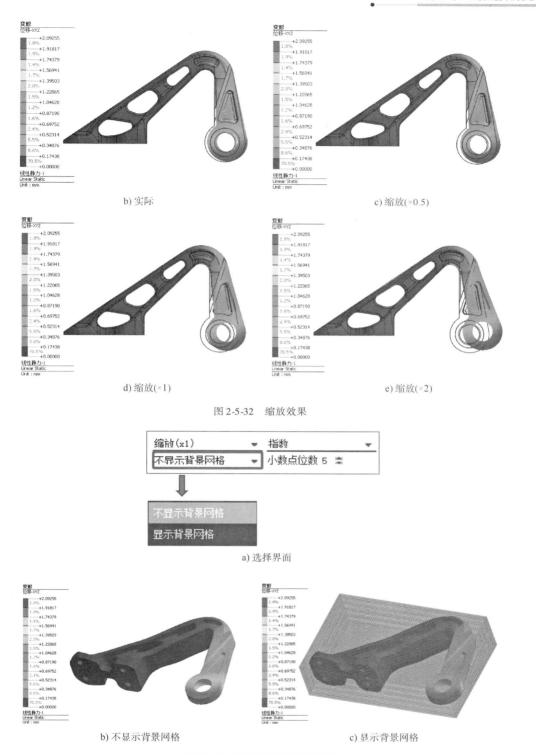

b) 实际　　　　　　　　　　　　　　c) 缩放(×0.5)

d) 缩放(×1)　　　　　　　　　　　　e) 缩放(×2)

图 2-5-32　缩放效果

a) 选择界面

b) 不显示背景网格　　　　　　　　　c) 显示背景网格

图 2-5-33　显示和不显示背景网格

（2）选择结果数据中小数点后的位数，可选点位数 0、1、2、3、4、5，通过点击上下箭头进行切换。

(3)结果数据显示如图2-5-34所示。

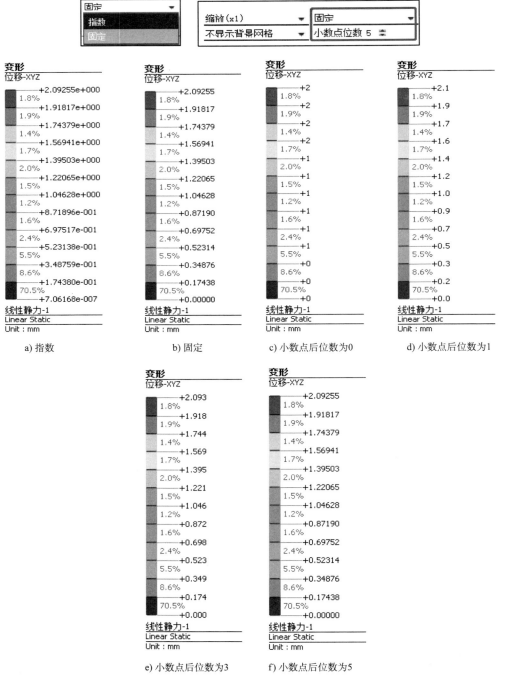

图2-5-34 结果数据显示

12)其他结果选项

其他结果选项主要包括：显示云图、平滑云图、显示特征线，图例、最大/最小值、动画。各选项选择显示效果如图2-5-35所示。

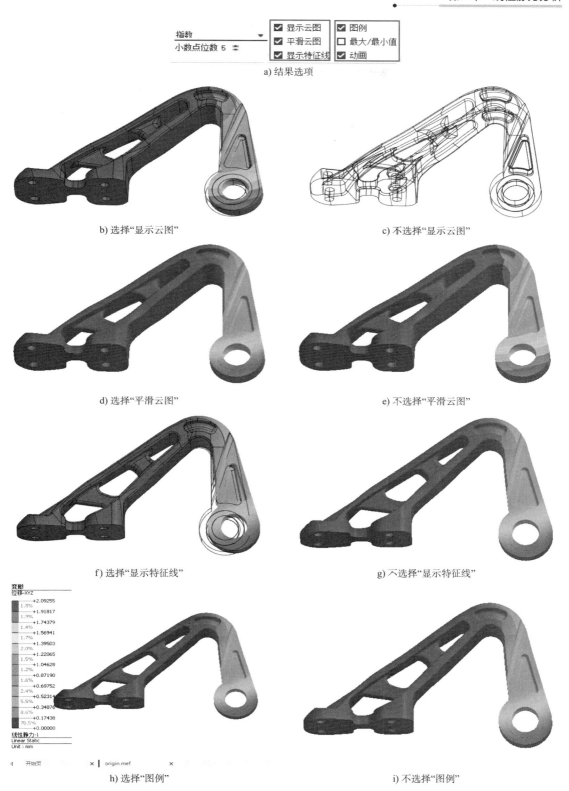

图 2-5-35

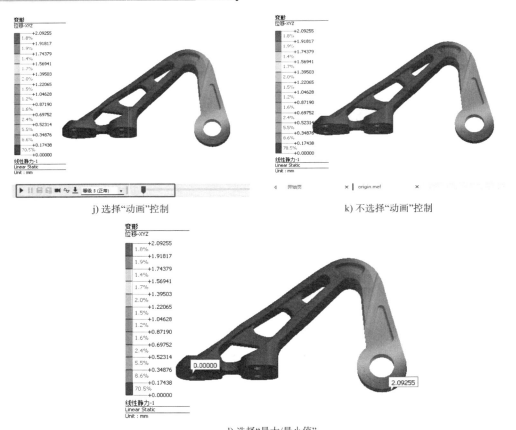

图 2-5-35　其他结果选项选择显示效果

13) 结果动画查看

查看结果动画需要首先勾选顶部菜单的"动画"选项,以显示动画控制条(图 2-5-35)。动画控制条选项如图 2-5-36 所示。

(1) ▶:播放动画。

(2) ❚❚:暂停播放。

(3) 💾:保存动画为 avi 格式视频。

(4) 📷:保存动画为 gif 格式动图。

(5) 🎥:多步骤动画记录。对于非线性、动力分析,要查看连续动画时,必须勾选多步骤动画记录。另外,查看多步骤动画时,还需要将变形缩放倍数设为实际。

(6) ∿:全周期/半周期播放。仅播放某一步的动画时,该选项才可用,可选择全周期或半周期;当勾选了多步骤动画记录后,该选项不可用。

(7) ⬇:选择参与[多步骤动画记录]的步骤。

(8) 等级3(正常) ▼:动画播放的快慢,等级 1 最慢、等级 5 最快。

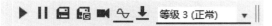

图 2-5-36　动画控制条选项

第3章 热传递和热应力分析

热传递分析用来确定结构在热荷载作用下的热响应技术,并得到一个系统或部件的温度分布及其他热物理参数。进行热传递分析时,我们一般关心温度的分布、热量的增加或损失、热梯度、热流密度等参数。热分析在许多工程应用中扮演着重要角色,如内燃机、涡轮机、换热器、管路系统、电子元件等。通常在完成热分析后将进行结构应力分析,计算由于热膨胀或收缩而引起的热应力。

3.1 热传递分析的基本概念

1)稳态和瞬态热传递

根据温度场结果是否随时间变化,可将热传递分析分为稳态热传递和瞬态热传递分析,如图3-1-1所示。

稳态热传递:系统中各点的温度不随时间发生变化,只随位置发生变化,这种传热过程称为稳态热传递。

瞬态热传递:从发生热传递到系统达到稳定状态,系统中个点的温度随时间发生变化,这个过程称为瞬态热传递。

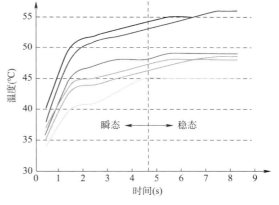

图 3-1-1 稳态和瞬态热传递

2)线性和非线性热传递

根据材料的热参数是否随温度变化以及是否考虑热辐射,可将热传递分析分为线性热传递和非线性热传递分析。

(1)非线性热传递:当考虑材料的热参数随着温度变化或者考虑热辐射时,热传递分析是非线性的。其中,前者需要通过函数来定义各热参数随温度的变化情况,如图3-1-2所示。

(2)线性热传递:当不考虑材料的热参数随着温度变化或者不考虑热辐射时,热传递分析是线性的。其中,前者只需要将各参数设置为常数即可。

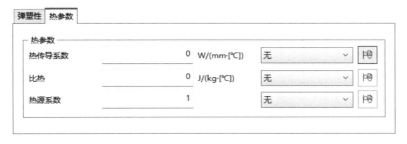

图 3-1-2 稳态和瞬态热传递

3）热分析常用术语

（1）导热系数：是表征材料导热性能优劣的参数，是一种热物性参数，常用单位 W/(m·K)。

（2）比热容：恒温或者恒压下，单位质量的物质，单位温度变化所需要的热量，常用单位 J/(kg·K)。

（3）热传导：当物体内部存在温差，或者多个接触良好的物体之间存在温差，热量从高温部分（或高温物体）向低温部分（或低温物体）传递的现象。

（4）对流换热：指流体经过固体表面时流体与固体表面间的热量传递的现象。

（5）对流换热系数：单位时间、单位面积和单位温差下，流体和固体表面之间传递的热量，常用单位 W/(m²·K)。

（6）热辐射：指一个物体或多个物体之间通过电磁波进行能量交换。

（7）热流率：单位时间内通过传热面的热量，也叫热流量，单位 W。

（8）热流密度：单位时间内通过单位面积的热量，也叫热通量，单位 W/m²。

3.2 热传递分析的机理

热传递的方式有三种：热传导、热对流、热辐射，如图 3-2-1 所示。

图 3-2-1　热传递的三种方式

1）热传导

当物体内部存在温差，或者多个接触良好的物体之间存在温差，热量会从高温部分（或高温物体）向低温部分（或低温物体）传递，这种热量传递的方式称为热传导。无论是液体、气体或者固体，只要存在温差，就会发生热传导。

热传导遵循傅立叶定律（热传导基本定律），如式（3-2-1）所示。

$$q = -K_{nn}\frac{\partial T}{\partial n} \qquad (3\text{-}2\text{-}1)$$

式中：q——方向 n 上的每单位面积的热流量（W/m²）；

K_{nn}——方向 n 上的热传导系数[W/(m·K)]；

T——温度（K）；

$\dfrac{\partial T}{\partial n}$——方向 n 上的温度梯度（K/m）。

温度梯度$\frac{\partial T}{\partial n}$总是负的,负号表示热能沿梯度反向流动,即从温度高的区域向温度低的区域流动,所以傅立叶定律中会带一个负号。

2)热对流

热对流是指由于流体的宏观运动而引起的流体各部分之间发生相对位移,冷、热流体相互掺混所导致的热量传递过程。热对流仅能发生在流体中,同时热对流必然伴随着热传导现象。

一般意义上的热对流仅在流体力学中研究,结构工程上通常关心对流传热,对流传热是指流体经过固体表面时流体与固体表面间的热量传递过程。

这里规定我们所讨论的热对流仅指对流传热,即流体和固体之间的换热。对流换热一般分为两类:自然对流和强制对流。

热对流的计算遵循牛顿冷却公式,如式(3-2-2)所示。

$$q = h(T_w - T_f) \tag{3-2-2}$$

式中:q——固体表面每单位面积和流体的热量交换(W/m^2);

h——对流换热系数[$W/(m^2 \cdot K)$];

T_w——固体表面温度(K);

T_f——流体温度(K)。

在上述公式中,最难确定的是对流换热系数h,它不仅取决于流体的物性以及换热表面的形状、大小与布置,而且与流速有密切的关系。因此,研究对流换热的基本任务就是用理论分析、试验方法或CFD数值模拟,具体给出各种场合下h的计算公式。

3)热辐射

热辐射是指一个物体或多个物体之间通过电磁波进行能量交换。一切温度高于绝对零度(-273.15K)的物体都能产生热辐射,物体的温度越高,单位时间辐射的热量越多。热辐射不需要介质,真空中辐射效率最高。

黑体是指一种能够完全吸收所有入射到其表面的辐射,并将其全部重新辐射出去的物体,其吸收和辐射的本领在同温度的物体中是最大的。黑体是一种理想物体,现实中并不存在,但其在热辐射规律探索过程中起着重要作用。黑体辐射遵循斯蒂芬-玻尔兹曼(Stefan-Boltzmann)定律,如式(3-2-3)所示。

$$Q = \sigma A T^4 \tag{3-2-3}$$

式中:Q——总辐射能量(W);

σ——斯蒂芬-玻尔兹曼常数,其值为$5.67 \times 10^{-8} W/(m^2 \cdot K^4)$;

A——辐射表面积(m^2);

T——黑体热力学温度(K)。

对于一切实际物体,其辐射能力必然小于同温度下的黑体。因此,对于实际物体,有斯蒂芬-玻尔兹曼(Stefan-Boltzmann)定律的修正形式,如式(3-2-4)所示。

$$Q = \varepsilon \sigma A T^4 \tag{3-2-4}$$

式中:ε——发射率(emissivity),又称为黑度,其值总小于1;

其他参数含义同上。

可以发现,在式(3-2-4)中有温度的4次方,因此热辐射是高度非线性的。

式(3-2-3)和式(3-2-4)仅给出了物体自身向外辐射的热流量,而不是辐射传热量,要计算辐射传热量,还必须考虑投射到物体上的辐射热量的吸收过程,即要计算收、支的总账。

实际中有很多辐射传热的形式,如两块平板之间的辐射传热、无限大空腔中的物体辐射传热、物体和环境之间的辐射传热等。

在 MeshFree 中考虑的是物体和环境之间的辐射传热,遵循式(3-2-5)。需要注意的是,这里不是物体和空气之间的辐射传热,因为空气的辐射和吸收能力是微乎其微的,可以忽略不计。

$$q = \sigma F(\varepsilon T^4 - \alpha T_f^4) \tag{3-2-5}$$

式中:q——物体和环境之间的辐射传热的热流密度(W/m^2);

σ——斯蒂芬-玻尔兹曼常数,其值为 $5.67 \times 10^{-8} W/(m^2 \cdot K^4)$;

F——形状系数;

ε——发射率(emissivity),又称为黑度,其值总小于 1;

α——吸收率(absorptivity),其值总小于 1;

T——物体热力学温度(K);

T_f——环境热力学温度(K)。

特别注意的是,在热辐射中,所有的温度单位都使用热力学温度 K。

3.3 热传导问题的控制方程

1)瞬态热传导

一般三维问题中,瞬态温度场的场变量 $\phi(x,y,z,t)$ 在直角坐标系中满足式(3-3-1)所示的控制方程:

$$\rho c \frac{\partial \phi}{\partial t} - \frac{\partial}{\partial x}\left(k_{xx}\frac{\partial \phi}{\partial x}\right) - \frac{\partial}{\partial y}\left(k_{yy}\frac{\partial \phi}{\partial y}\right) - \frac{\partial}{\partial z}\left(k_{zz}\frac{\partial \phi}{\partial z}\right) - q_v = 0 \tag{3-3-1}$$

边界条件是:

$$\phi = \overline{\phi} \quad (\text{在 } \Gamma_1 \text{ 边界上}) \tag{3-3-2}$$

$$k_{xx}\frac{\partial \phi}{\partial x}n_x + k_{yy}\frac{\partial \phi}{\partial y}n_y + k_{zz}\frac{\partial \phi}{\partial z}n_z = q \quad (\text{在 } \Gamma_2 \text{ 边界上}) \tag{3-3-3}$$

$$k_{xx}\frac{\partial \phi}{\partial x}n_x + k_{yy}\frac{\partial \phi}{\partial y}n_y + k_{zz}\frac{\partial \phi}{\partial z}n_z = h(\phi_a - \phi) \quad (\text{在 } \Gamma_3 \text{ 边界上}) \tag{3-3-4}$$

式中: ρ——材料密度(kg/m^3);

c——比热容[$J/(kg \cdot K)$];

$k_{xx}、k_{yy}、k_{zz}$——直角坐标系下 $X、Y、Z$ 三个方向的热传导系数[$W/(m \cdot K)$];

$n_x、n_y、n_z$——边界外法线的方向余弦;

ϕ——温度场;

q_v——热源密度(W/m^3);

$\overline{\phi}$——Γ_1 边界上给定的温度(K);

q——Γ_2 边界上的热流密度(W/m^2);

h——对流换热系数[$W/(m^2 \cdot K)$];

ϕ_a——在自然对流条件下,ϕ_a 是环境温度;在强迫对流条件下,ϕ_a 是边界层绝热壁温度。

2)稳态热传导

如果 ϕ 以及边界上的 $\overline{\phi}$、$\overline{q}$、ϕ_a 不随时间发生变化,此时 $\dfrac{\partial \phi}{\partial t}=0$,瞬态热传导方程式(3-3-1)就退化为稳态热传导方程,如式(3-3-5)所示。

$$\frac{\partial}{\partial x}\left(k_{xx}\frac{\partial \phi}{\partial x}\right)+\frac{\partial}{\partial y}\left(k_{yy}\frac{\partial \phi}{\partial y}\right)+\frac{\partial}{\partial z}\left(k_{zz}\frac{\partial \phi}{\partial z}\right)+q_v=0 \tag{3-3-5}$$

从瞬态热传导方程(3-3-1)可以看出,对于瞬态热传递分析,在材料参数中,需要输入热传导系数、比热以及材料密度;从稳态热传导方程[式(3-3-5)]可以看出,对于稳态热传递分析,在材料参数中,只需要输入热传导系数即可。

3.4 热应力分析

物体的体积在受热时膨胀,冷却时收缩。但是,如果物体被约束,无法热胀冷缩,则会在物体内产生抵抗这些变形的内力。

例如,如果对圆形截面的窄金属杆加热时没有约束,则杆可以自由伸长。然而,如果杆在两端受限,使其不能纵向伸展,则金属杆会对约束它的物体施加力,而约束金属杆的物体对金属杆则施加相同大小和相反方向的力,这时的金属杆处于受力状态,物体内部会产生抵抗变形的内力。

热应力的大小与热膨胀系数成正比,这是受热物体的力学性质。如果物体自由膨胀或自由收缩,则不会产生热应力。不过,即使物体不受约束,如果整个物体的温度分布不均匀,温度梯度会也会导致物体内部产生热应力。

1)热变形

温度升高,物体膨胀。温度降低,物体收缩。这种现象可以用式(3-4-1)表示。

$$\varepsilon_T = \alpha \Delta T = \alpha(T - T_0) \tag{3-4-1}$$

式中:ε_T——热应变;

α——线膨胀系数;

ΔT——温差;

T——施加温度;

T_0——初始温度。

2)热应力

如果对物体的膨胀/收缩没有限制,那么温度变化不会导致内部产生应力,如图 3-4-1 所示。

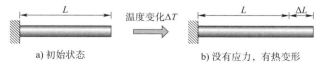

a)初始状态　　　　　　　　b)没有应力,有热变形

图 3-4-1　膨胀/收缩没有限制

如果物体的膨胀/收缩受到限制(图 3-4-2),则温度变化会导致物体内部产生应力,这就

是热应力,计算公式如式(3-4-2)所示。

$$\sigma_T = \varepsilon_T E = \alpha \Delta T E \tag{3-4-2}$$

式中：σ_T——热应力；

　　　ε_T——热应变；

　　　α——线膨胀系数；

　　　ΔT——温差；

　　　E——弹性模量。

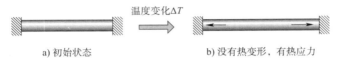

a) 初始状态　　　　　　b) 没有热变形,有热应力

图 3-4-2　膨胀/收缩受到限制

3) 热膨胀系数

单位温度变化引起长度量值的变化。如长度为 L 的物体温度均匀变化,用式(3-4-3)就可以计算它的变形量。

$$\delta_T = \varepsilon_T L = \alpha \Delta T L \tag{3-4-3}$$

式中：δ_T——伸长量；

　　　ε_T——热应变；

　　　L——原始长度；

　　　α——线膨胀系数；

　　　ΔT——温差。

热应力分析可用来检查设计产品的安全性,比如考虑由不同热源引起的温度变化所造成的热变形和热应力。在热应力分析中,通过传热分析计算温度分布结果,并将其转化为结构分析的热荷载,以检查变形量和应力。

因此,在 MeshFree 的分析中,要进行热应力分析时,需要先进行一次热传递分析,再进行线性静力分析,热传递分析的温度结果将作为线性静力分析的热荷载。热应力分析过程如图 3-4-3 所示。

图 3-4-3　MeshFree 热应力分析过程

4) 热接触

当导入的模型为装配体模型时,MeshFree 自动创建各个部件之间的接触关系,也可以手动创建。对于热分析,部件与部件之间热量的传递也是基于接触来进行的。在热传递分析中,接触

只传递热量,因此称为热接触。热接触的创建方式和常规接触的创建方式没有任何区别,但只能使用焊接接触。热量在接触对之间沿着接触法向传递,在 MeshFree 中不考虑热量的损耗。

3.5 在 MeshFree 中进行热分析

3.5.1 热分析的分析流程

在 MeshFree 中,支持的热分析类型包括稳态热传递分析、瞬态热传递分析、稳态热应力分析,其分析流程如图 3-5-1 所示。

图 3-5-1 稳态传热、瞬态传热和稳态热应力分析流程

3.5.2 热分析的分析条件

对于稳态传热分析,分析条件步骤菜单中的功能如图 3-5-2 所示;对于稳态热应力分析,分析条件步骤菜单中的功能如图 3-5-3 所示;对于瞬态传热分析,分析条件步骤菜单中的功能如图 3-5-4 所示。

图 3-5-2 稳态传热分析条件步骤界面

图 3-5-3 稳态热应力分析条件步骤菜单界面

图 3-5-4 瞬态传热分析条件步骤菜单界面

1）材料

（1）当应用非线性热传递时，需要通过函数来定义各热参数随温度的变化情况。

（2）当应用线性热传递时，只需要将各参数设置为常数即可。

（3）另外，当进行稳态热传递分析时，需要定义热膨胀系数，如图 3-5-5 所示。

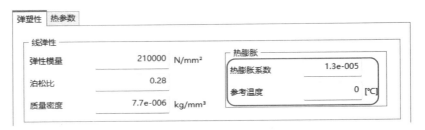

图 3-5-5 定义热膨胀系数界面

2）初始温度

（1）指定传热开始前的温度，该温度为系统的初始温度，而不是某个部件的初始温度。定义初始温度界面如图 3-5-6 所示。

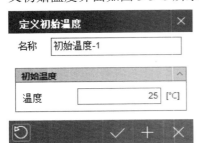

图 3-5-6 定义初始温度界面

（2）在稳态传热分析中不需要设定初始温度，瞬态传热分析要求指定初始温度。默认的初始温度为 25℃。

（3）在静力分析或者热应力分析的静力分析工况，初始温度用来计算热应力、热变形。

3）温度（稳态热传递）

（1）指定面（体）的温度值，适用于温度已知的地方。稳态热传递定义温度如图 3-5-7 所示。

（2）温度属于热传递分析中的荷载。

4）温度（瞬态热传递）

（1）指定面（体）的温度值，适用于温度已知的地方。

(2)温度属于热传递分析中的荷载。
(3)对于瞬态热传递分析,可以考虑温度随时间的变化关系。
(4)瞬态热传递定义温度界面如图 3-5-8 所示。
①温度:定义温度的基数。
②时间依存性:有定义常数和用户定义时间函数两种。如果定义常数,那么最终定义的温度=温度基数×常数,而且温度不随时间发生变化;如果用户定义时间函数,那么最终定义的温度=温度基数×用户定义时间函数。

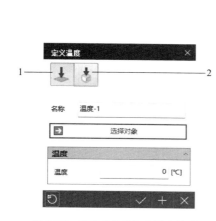

图 3-5-7 稳态热传递定义温度界面
1-面方式;2-体方式

图 3-5-8 瞬态热传递定义温度
1-面方式;2-体方式

5)热通量(稳态热传递)
(1)应用于固体表面热量流入流出的情况,单位面积流过的热量(单位:W/m²)有方向性:热吸收(+)、热损失(-)。
(2)热通量属于热分析中的荷载,定义热通量界面如图 3-5-9 所示。定义时,选择面并输入热通量大小即可。

6)热通量(瞬态热传递)
(1)应用于固体表面热量流入流出的情况,单位面积流过的热量(单位:W/m²)有方向性:热吸收(+)、热损失(-)。
(2)热通量属于热分析中的荷载。
(3)对于瞬态热传递分析,可以考虑热通量随时间的变化关系。
(4)瞬态热传递热通量的定义如图 3-5-10 所示。
①热通量:定义热通量的基数。
②时间依存性:有定义常数和用户定义时间函数两种。如果定义常数,那么最终定义的热通量=热通量基数×常数,而且热通量不随时间发生变化;如果用户定义时间函数,那么最终定义的热通量=热通量基数×用户定义时间函数。

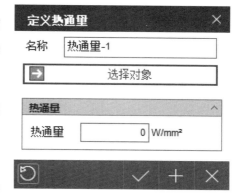

图 3-5-9 稳态热传递定义热通量界面

7) 热对流(稳态热传递) $\mathcal{S}$

(1) 固体表面与周围流体之间的热交换,属于热传递分析中的荷载。

(2) 需要输入环境温度和对流换热系数。对流换热的计算遵循牛顿冷却定律,详见 3.2 节 2) 部分。稳态热传递定义热对流界面如图 3-5-11 所示。

图 3-5-10　瞬态热传递定义热通量界面

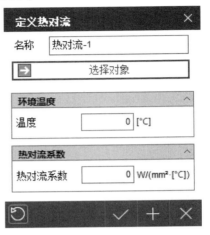

图 3-5-11　稳态热传递定义热对流界面

8) 热对流(瞬态热传递) $\mathcal{S}$

(1) 固体表面与周围流体之间的热交换,属于热传递分析中的荷载。

(2) 需要输入环境温度和对流换热系数。

(3) 对于瞬态热传递分析,可以考虑环境温度随时间的变化关系。

(4) 瞬态热传递定义热对流界面如图 3-5-12 所示。

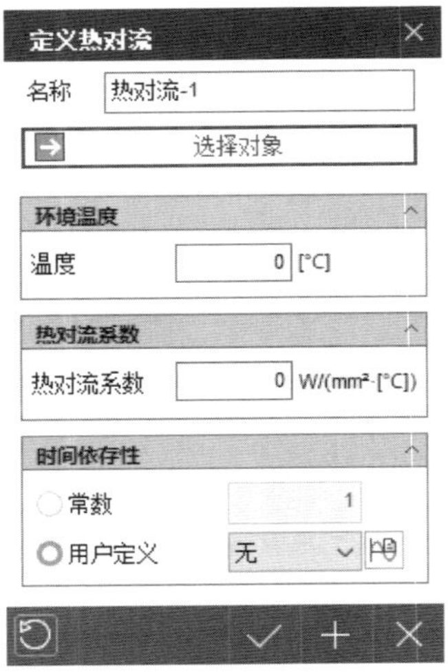

① 温度:定义环境温度的基数。

② 热对流系数:定义对流换热系数。

③ 时间依存性:有定义常数和用户定义时间函数两种。如果采用定义常数,那么最终定义的环境温度 = 环境温度基数×常数,而且环境温度不随时间发生变化;如果采用用户定义时间函数,那么最终定义的环境温度 = 环境温度基数×用户定义时间函数。

9) 热源(稳态热传递)

(1) 应用于固体内部产生热量的情况。

(2) 物体内部的热量生成,属于热传递分析中的荷载。定义热源界面如图 3-5-13 所示。

10) 热源(瞬态热传递)

(1) 应用于固体内部产生热量的情况。

图 3-5-12　瞬态热传递定义热对流界面

(2) 物体内部的热量生成,属于热分析中的荷载。

(3) 对于瞬态热传递分析,可以考虑热源随时间的变化关系。

(4) 瞬态热传递定义热源界面如图 3-5-14 所示。

① 热源:定义热源的基数。

②时间依存性:有定义常数和用户定义时间函数两种。如果采用定义常数,那么最终定义的热源＝热源基数×常数,而且热源不随时间发生变化;如果采用用户定义时间函数,那么最终定义的热源＝热源基数×用户定义时间函数。

图3-5-13　稳态热传递定义热源界面　　图3-5-14　瞬态热传递定义热源界面

11)热辐射(稳态热传递)
(1)考虑物体与外界环境之间的辐射换热。
(2)需要输入环境温度、辐射率、吸收率和形状系数。稳态热传递定义热辐射界面如图 3-5-15 所示。

12)热辐射(瞬态热传递)
(1)考虑物体与外界环境之间的辐射换热。
(2)需要输入环境温度、辐射率、吸收率和形状系数。
(3)对于瞬态热传递分析,可以考虑环境温度随时间的变化关系。
(4)瞬态热传递定义热辐射界面如图 3-5-16 所示。
①温度:定义环境温度的基数。

图3-5-15　稳态热传递定义热辐射界面　　图3-5-16　瞬态热传递定义热辐射界面

②热辐射:定义辐射率、吸收率和形状系数。其中形状系数也称为角系数,用来描述不同表面之间辐射传热的程度。

③时间依存性:有定义常数和用户定义时间函数两种。如果采用定义常数,那么最终定义的温度=温度基数×常数,而且温度不随时间发生变化;如果采用用户定义时间函数,那么最终定义的温度=温度基数×用户定义时间函数。

13)温度荷载🌡

(1)温度荷载仅可以在静力分析和热应力分析的静力分析子工况中应用,用来计算热变形和热应力。

(2)温度荷载只能施加在某个体上。定义温度荷载界面如图 3-5-17 所示。

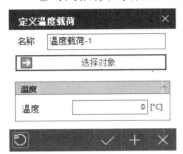

图 3-5-17　定义温度荷载界面

3.5.3　热分析的分析控制

1)对于稳态热传递

对于稳态热传递一般无须进行分析控制的参数设置。只有涉及热辐射计算时,需要控制增量步骤数和中间输出,如图 3-5-18 所示。因为热辐射计算是非线性的,非线性控制的解释可参见第 6 章。

2)对于瞬态热传递

对于瞬态热传递如果考虑非线性,也需要进行非线性控制的定义,如图 3-5-19 所示。另外,还需要进行时间定义,分为均匀时间和用户自定义。

图 3-5-18　稳态传热分析控制

图 3-5-19　瞬态传热分析控制

(1)如果是均匀时间,只需要输入总时间和时间步骤数即可。中间结果输出表示每间隔多少步的输出结果,例如输入"1"时,表示输出每一步的结果;如果输入"2",表示每隔一步输出结果。

(2)用户自定义时,有两种方法。其一是直接输入要计算的时刻,如图 3-5-20a)所示。例如计算 1s、3s、5s、9s、13s、14s、20s 的瞬态传热结果,那么按照"1、3、5、9、13、14、20"输入即可,并且可以选择要保存的时刻点,例如勾选"3、9、20"表示在后处理当中输出 3s、9s、20s 的结果。其二是输入总时间和步骤数,让程序自动生成要计算的时刻点,同样可以选择要保存的时刻点,如图 3-5-20b)所示。

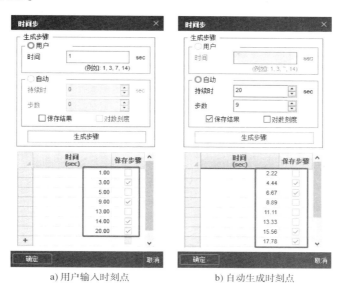

a) 用户输入时刻点　　b) 自动生成时刻点

图 3-5-20　用户自定义时间步

3.5.4　热分析的分析结果

热分析的分析结果包含热传递分析结果和热应力分析结果,如图 3-5-21 所示。分析结果步骤菜单中的后处理功能可以参考线性静力部分。

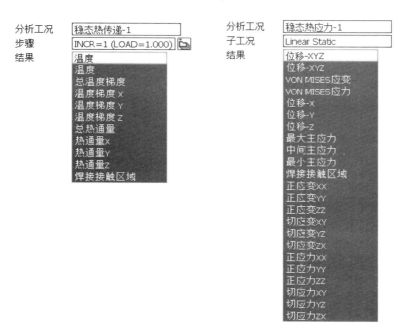

图 3-5-21　热传递和热应力分析下拉菜单结果

1) 热传递下拉菜单结果

热传递分析计算完成后提供以下结果类型。

(1) 温度。

(2) 温度梯度：总温度梯度、温度梯度 X、温度梯度 Y、温度梯度 Z。

(3) 热通量：总热通量、热通量 X、热通量 Y、热通量 Z。

(4) 接触：焊接接触区域。

2) 热应力下拉菜单结果

热应力分析计算完成后提供以下结果类型。

(1) 位移：位移 X、位移 Y、位移 Z。

(2) 应力：von Mises 应力、最大主应力、中间主应力、最小主应力、正应力(XX、YY、ZZ)、切应力(XY、YZ、ZX)。

(3) 应变：von Mises 应变、正应变(XX、YY、ZZ)、切应变(XY、YZ、ZX)。

(4) 接触：焊接接触区域。

第4章 拓扑优化

结构设计通常要满足设计规范(如安全性或稳定性)的要求,即使工程师具有丰富的设计经验,最初的设计也很难满足所有的设计要求。虽然通过反复试验能找到满足设计约束条件的设计,但是在许多情况下,安全系数太高,设计不经济。优化设计不只是简单地满足设计要求,实际上,优化设计作为一种工具,能够使设计的产品既安全又经济,进而帮助设计者找到最优的设计。

4.1 优化设计简介

4.1.1 优化设计的概念和分类

现代结构设计中,优化设计是一个重要的概念,即在满足一定的荷载条件下,通过合理地分配材料,使设计产品达到最佳的力学性能。优化设计在汽车工业、航空航天工业、建筑等领域具有重要的意义。

(1)根据设计变量,一般可将优化设计分为尺寸优化、拓扑优化以及形状优化。

①尺寸优化:关注设计参数的调整,例如尺寸、厚度、长度、角度等,通过调整现有设计的参数以实现预定的优化目标,如减小重量、提高刚度或强度。

②拓扑优化:拓扑优化主要关注设计的整体结构,如材料分布、连接方式和支撑结构等。这种优化方法试图在给定的设计空间和约束条件下找到最佳的结构布局以满足性能要求。拓扑优化广泛应用于结构设计领域,尤其是在航空航天、汽车和建筑等。

③形状优化:形状优化关注设计产品的外形和曲面,以实现特定的性能指标。这种优化方法通过改变设计的几何形状(如曲线、曲面等)来提高性能,例如减小空气阻力、降低应力集中等。形状优化通常应用于汽车、飞机和船舶等产品的外形设计,以及工程结构的设计中。

(2)根据优化目标,可将优化设计分为多目标优化和单目标优化。

①多目标优化:关注多个性能指标或目标的优化,可能涉及权衡和协调不同的性能要求,如在降低成本的同时提高效率和减轻重量等。

②单目标优化:关注单一性能指标或目标的优化,如最小化重量、最大化效率等。

4.1.2 优化设计三要素

优化设计的三要素为:设计变量、目标函数和约束条件。

(1)设计变量

设计变量是指影响设计性能的各种参数,如尺寸、形状、拓扑等。在优化设计过程中,通过调整设计变量以实现最佳的目标函数值。设计变量的选择和设置对优化结果具有重要影响,因为它们决定了可行解的范围和搜索空间。

(2)目标函数

目标函数是一个用于衡量设计性能的数学函数,它描述了设计师希望实现的优化目标。在优化设计过程中,目标函数的值需要被最大化或最小化。例如,在结构优化中,目标函数可以是最小化重量;在流程优化中,目标函数可以是最大化生产效率。

(3)约束条件

约束条件是指在优化过程中需要满足的限制和要求,如物理规律、经济条件、技术规范等。约束条件确保了优化结果的可行性和实用性。在优化设计过程中,目标函数的优化需要在满足约束条件的前提下进行。

举一个生活中优化设计的例子:

自行车头盔(图4-1-1)对于骑行者来说是一件不可或缺的装备,但是小小的自行车头盔上就蕴含了拓扑优化的现代设计理念。为了尽量减小骑行者的颈部压力,自行车头盔的重量需要轻之又轻,但是太轻的头盔又无法在紧急情况下给骑行者的头部给予足够的保护。因此,头盔重量和头盔强度是相互矛盾的两个方面。幸运的是,通过现代化的拓扑优化设计方法,我们能够在这两者之间获得平衡,享受轻巧可靠的头盔。当然,对设计师来说,风阻、散热等问题就成了拓扑优化过程中的一些约束条件。

图 4-1-1　自行车头盔

4.2　拓扑优化概述

4.2.1　单元密度

拓扑优化中常用的拓扑表达形式和材料插值模型方法有:均匀化方法、变密度法、变厚度法、水平集法等。MeshFree采用的方法是变密度法,变密度法是将网格模型设计空间的每个单元的"单元密度"作为设计变量。同时,单元密度也是MeshFree中唯一的设计变量。单元密度同结构的材料参数有关,并取0到1之间的某个值,优化求解后单元密度为1(或靠近1)表示该单元位置处的材料很重要,需要保留;单元密度为0(或靠近0)表示该单元处的材料不重要,可以剔除,从而达到材料的高效利用,并实现轻量化设计。因此,如果确定了所有单元的几何密度(0到1),则确定了整体的材料布局,如图4-2-1所示。

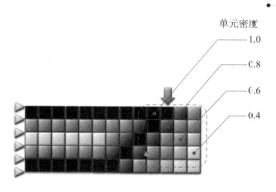

图 4-2-1　单元密度分布

4.2.2　灵敏度

优化设计灵敏度(Design Sensitivity)是指设计变量的微小变化对目标函数或约束条件的影响程度。灵敏度分析是在优化设计过程中衡量不同设计变量对优化目标和约束条件的重要性,以及了解设计变量之间相互关系的重要工具。通过灵敏度分析,设计师可以更好地了解哪些设计变量对优化结果有显著影响,从而有针对性地进行调整。

优化设计灵敏度可以通过以下几种方式进行计算和分析:

(1)解析法:通过求解目标函数和约束条件关于设计变量的偏导数,可以得到设计变量的灵敏度。这种方法适用于具有明确数学表达式的优化问题。

(2)有限差分法:通过对设计变量进行微小扰动,并观察目标函数和约束条件的变化,可以近似计算设计变量的灵敏度,如图 4-2-2 所示。这种方法适用于不容易求解解析导数的复杂优化问题。

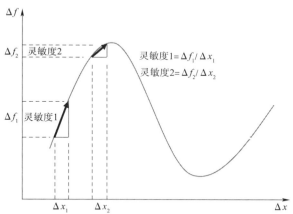

图 4-2-2　采用有限差分法计算灵敏度

(3)基于模型的方法:通过建立目标函数和约束条件的近似模型[如响应曲面模型、克里金(Kriging)模型等],可以在模型层面分析设计变量的灵敏度。这种方法适用于计算成本较高的优化问题。

优化设计灵敏度分析在工程实践中广泛应用,如结构优化、流体力学优化、热传导优化等。通过灵敏度分析,设计师可以更有效地确定关键设计变量,降低优化计算成本,加速优化过程,并提高优化结果的可靠性。

4.2.3 棋盘格现象

拓扑优化棋盘格现象(Checkerboard Pattern)是指在进行拓扑优化时,某些算法可能导致优化结果出现交错的黑白格子状结构,这种现象主要出现在基于单元密度的拓扑优化方法中。棋盘格现象不仅使优化结果难以解释,还可能导致设计的结构性能不符合实际要求。

1)产生原因

(1)数值不稳定性:在基于单元密度的拓扑优化方法中,密度值的更新可能导致数值不稳定,从而引发棋盘格现象。

(2)低密度区域的应力传递:由于某些算法对低密度区域的处理不当,低密度区域可能在优化过程中出现应力传递,从而导致棋盘格现象。

2)消除或减轻方法

(1)过滤技术(Filtering Techniques):通过对密度值进行平滑处理,可以消除或减轻优化结果中的棋盘格现象。常用的过滤方法有密度过滤(Density Filtering)和灵敏度过滤(Sensitivity Filtering),如图4-2-3所示。

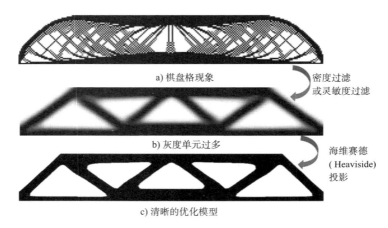

图4-2-3 棋盘格现象和过滤技术消除

(2)惩罚因子(Penalization):通过调整材料模型中的惩罚因子,可以降低低密度区域的刚度,从而减轻棋盘格现象。但过高的惩罚因子可能导致收敛速度变慢。

(3)材料插值方法(Material Interpolation Methods):通过引入新的材料插值方法,如材料属性有理逼近(Rational Approximation of Material Properties)方法,可以改善低密度区域的应力传递,从而减轻棋盘格现象。

总之,拓扑优化中的棋盘格现象会影响优化结果的质量和实用性。通过采用适当的方法,如过滤技术、惩罚因子调整和材料插值方法,可以有效地消除或减轻这一现象,从而获得更可靠和更实用的优化结果。

4.3 在 MeshFree 中进行拓扑优化分析

4.3.1 目标函数和约束条件

在MeshFree中进行拓扑优化分析,也是从优化设计的三要素进行考虑。由于MeshFree

拓扑优化采用的是变密度法，单元密度是唯一的设计变量，只需要对目标函数和约束条件进行设置即可。MeshFree 提供的目标函数、约束条件以及相关分析类型见表 4-3-1。

MeshFree 拓扑优化问题的定制　　　　　　　表 4-3-1

优化目标(目标函数)	约束条件	相关分析类型
刚度最大(柔度最小)	目标保留体积	线性静力分析
特征值最大	目标保留体积	模态分析
体积最小	位移、应力、特征值	线性静力分析、模态分析

4.3.2　拓扑优化的设置

1) 目标函数选择和约束定义

(1) 当目标函数为刚度最大或者特征值最大时，对应的约束条件都是目标保留部分的体积比。定义分析类型时，输入体积比例，如图 4-3-1 所示；或者在分析控制中，输入体积比例，如图 4-3-2 所示。

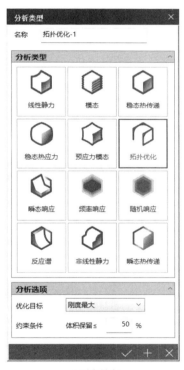

a) 刚度最大　　　　　　　　　　b) 特征值最大

图 4-3-1　定义分析类型时定义体积约束

(2) 当目标函数为体积最小时，约束条件可以为应力、位移以及特征值。在定义分析类型界面，选择约束条件，如图 4-3-3 所示；并在分析控制中进行具体的定义。

①应力约束

使用应力作为约束条件条件时，安全因子不能超过设置的值，该值在分析控制中输入，如图 4-3-4 所示。对于塑性材料，安全因子 = 屈服强度/分析得到的 von Mises 应力，对于脆性材料,安全因子 = 抗拉(抗压)强度/最大主应力。在定义材料时,需要输入材料的屈服强度或者抗拉(抗压)强度,如图 4-3-5 所示。

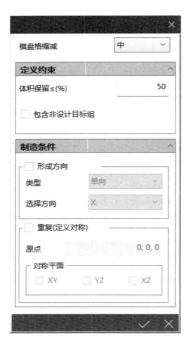

图 4-3-2　分析控制中定义体积约束

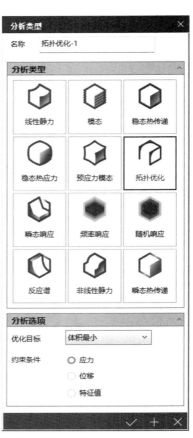

图 4-3-3　应力、位移和特征值约束选择

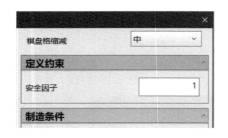

图 4-3-4　分析控制中安全因子输入

图 4-3-5　材料定义时,屈服强度或抗拉(抗压)强度输入

②位移约束

在子工况分析控制中指定某个位置位移要满足的条件,如图 4-3-6 所示。

③特征值约束

在子工况分析控制中定义特征值约束,如图 4-3-7 所示,图中的定义是要求模型的 1 阶模态固有频率≥100Hz。关于模态分析,可参见第 7 章节。

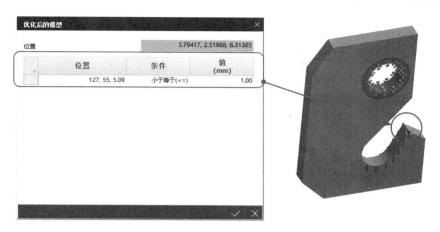

图 4-3-6　在子工况分析控制中定义位移约束

2）设计区域与非设计区域

（1）参与拓扑优化的部件

分析中既有设计区域，也有非设计区域，如图 4-3-8 所示。默认情况下，所有部件都在设计区域中。通过鼠标拖放，可将设计区域的部件移动到非设计区域中。

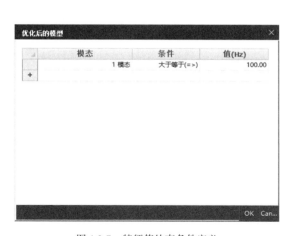

图 4-3-7　特征值约束条件定义

图 4-3-8　设计区域与非设计区域

（2）非设计区域

一般将分析中施加荷载、边界条件的部件，以及优化过、不需要再优化的部件视为非设计区域。对于非设计区域来说，几何密度始终为 1。例如，在加速踏板（其由踏板臂、踏板和轴三部分组成）的拓扑优化中，踏板是受力结构，轴是受约束结构，因此可以将踏板臂部分定为设计区域，对其进行拓扑优化，而将踏板和轴定为非设计区域。加速踏板结构以及优化结果如

图 4-3-9 所示。

a) 初始模型　　　　　　　　　　　b) 优化结果

图 4-3-9　加速踏板以及拓扑优化结果

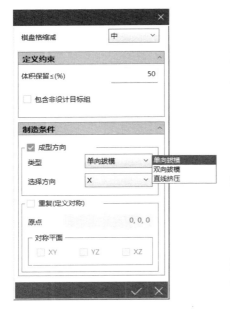

图 4-3-10　拔模方式设置

3）拔模方式（工艺约束）

考虑产品制造的过程，拔模方式有 3 种：单向拔模、双向拔模和直线挤压。拔模方式设置如图 4-3-10 所示，三种拔模方式效果如图 4-3-11 所示。

（1）单向拔模

这种拔模方式是指产品在一个固定的方向上从模具中拔出。这要求产品在设计时考虑到一个特定的拔模方向，以便能够顺利地从模具中拔出。这种方法在制造过程中相对简单，但可能会限制设计的复杂性。

（2）双向拔模

双向拔模是指产品可以沿着两个不同的方向从模具中拔出。这可以增加设计的灵活性和复杂性，但可能需要更高级的模具设计和制造技术。这种拔模方式在需要制造具有复杂形状的零件时非常有用。

（3）直线挤压

这种工艺约束方式通常与挤出成型过程相关联，其中材料被连续地通过一个具有特定形状的模具孔挤压。在拓扑优化中，挤压约束使得材料沿着挤压法向的横截面保持一致。

a) 单向拔模　　　　b) 双向拔模（非对称）　　　　c) 直线挤压

图 4-3-11　三种拔模方式效果

4）重复条件

（1）选择原点定义对称平面所在的位置，原点位于对称平面上。

（2）选择对称平面，有 3 个对称平面可以选择：XY、YZ、XZ。

（3）当对称条件和成型方向同时定义时，首先对称条件生效，然后再适用成型方向。换句话说,对称条件优先成型方向。

(4) 对称条件的设置如图 4-3-12 所示,定义与不定义对称条件效果对比如图 4-3-13 所示。

a) 不考虑对称条件

b) 考虑对称条件

图 4-3-12 对称条件设置　　　　图 4-3-13 定义与不定义对称条件效果对比

4.3.3 拓扑优化的分析结果

拓扑优化的结果中主要查看优化后的模型。在分析结果步骤菜单中,点击优化模型,可以打开优化后的模型查看窗口,如图 4-3-14 所示。

图 4-3-14 查看优化模型

(1)分析工况:选择要查看的工况。

(2)步骤:拓扑优化是迭代计算过程,选择要查看的步骤结果,一般选择最后一步,查看最终结果。

(3)材料密度:选择查看哪个材料密度区间的优化结果。图 4-3-14 表示查看优化后材料相对密度在 0.5~1 之间的区域。

(4)计算体积:得到优化前的体积、优化后的体积和体积减小的比例。

第5章 疲劳分析

疲劳分析是用于评估结构在交变荷载作用下的损伤积累和寿命情况。这种分析方法在制造、航空、汽车、建筑等领域具有广泛的应用,有助于优化设计,确保产品在长期使用中的可靠性和安全性。

5.1 疲劳研究概述

疲劳破坏是一种常见的机械失效模式,尤其是在金属和塑料材料中。

疲劳现象最早是在 19 世纪初,由英国工程师威廉·约翰·麦夸恩·朗肯(William John Macquorn Rankine)在研究铁路轮轴失效时发现的。他注意到在重复应力作用下,轮轴出现了断裂。

在 19 世纪中期,法国工程师奥古斯特·维尔诺特(Augustin-Louis Cauchy)对金属疲劳现象进行了研究,并提出了疲劳强度概念。

在 19 世纪末至 20 世纪初,德国工程师奥古斯特·瓦勒(August Wöhler)进行了大量金属疲劳试验,建立了疲劳 S-N 曲线(图 5-1-1),并提出了疲劳寿命预测的方法。瓦勒被认为是金属疲劳研究的奠基人。

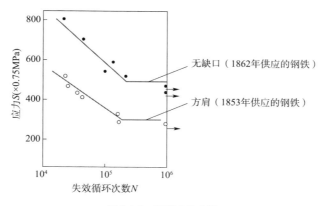

图 5-1-1 疲劳 S-N 曲线

20 世纪中期,研究人员开始关注疲劳过程中的裂纹形成和扩展机制。格里菲斯(Griffith A A)提出了脆性断裂理论,对裂纹形成和扩展机制有了更深入的认识。此外,欧文(Irwin G R)和埃尔里希(Ehrlich G M)等人发展了线弹性断裂力学,为疲劳裂纹扩展的研究提供了理论基础。

20 世纪后期,随着计算机技术的发展,疲劳分析方法也得到了快速发展。有限元分析技术被广泛应用于疲劳分析,如基于局部应力应变的疲劳寿命预测方法。同时,疲劳试验技术也得到了改进,如高周疲劳试验、疲劳裂纹扩展试验等。

进入 21 世纪,疲劳研究继续发展,研究领域不断拓展。微观和纳米尺度的疲劳研究逐渐成为研究热点,以便更好地了解疲劳损伤的机制和原因。新材料和新工艺的应用,如复合材料、陶瓷材料和生物材料等,也对疲劳研究提出了新的挑战和需求。

随着对疲劳现象理解的加深,研究人员不断探索新的疲劳寿命预测方法,如概率统计方法、基于损伤容限的方法等。此外,疲劳监测技术的发展,如结构健康监测(Structural Health Monitoring, SHM)和在线疲劳监测系统,也为疲劳寿命预测和管理提供了有效手段。

疲劳研究经历了一个漫长而丰富的历史时期。疲劳研究从最初的轮轴失效案例开始,目前已经发展成为一个多学科、跨领域的研究课题。通过对疲劳现象的深入研究,研究人员不仅提高了对疲劳机制的理解,还为实际工程应用提供了重要的指导和支持。随着科学技术的进步,未来疲劳研究还将继续发展,为材料科学和工程领域带来更多的创新和突破。

5.2 疲劳基本概念

5.2.1 疲劳失效的定义

大多数机械零部件承受的工作荷载都是随时间而变化的交变荷载。

疲劳失效是指在反复循环荷载作用下,材料逐渐产生微裂纹,随着时间的推移,裂纹扩展,最终导致材料断裂的现象。疲劳失效是一种累积损伤过程,通常发生在机械部件和结构中,在实际工程应用和生活中具有很高的关注度,如齿轮的疲劳失效[图5-2-1a)]会导致整个传动系统的故障,自行车车把的疲劳失效[图5-2-1b)]可能会导致严重的安全事故。与静强度失效相比,疲劳失效有其显著特点。

a)齿轮疲劳断裂

b)自行车把手疲劳断裂

图5-2-1 疲劳失效

(1)低应力性

疲劳失效通常发生在应力水平低于材料的屈服强度或极限强度的情况下。在这种情况下,即使应力较低,长时间的循环荷载也可能导致材料的疲劳失效。

(2)突发性

疲劳失效具有突发性,因为裂纹扩展过程在达到临界长度时会突然加速,导致材料的断裂。在实际应用中,这种突发性可能会导致突然的结构破坏和设备故障。

(3)时间性

疲劳失效具有时间性,因为它通常需要一定时间的循环荷载才能导致失效。这个时间取决于很多因素,如应力水平、循环次数、材料特性和环境条件等。

(4) 敏感性

疲劳失效对材料表面的质量、应力集中区域、材料缺陷等因素非常敏感。这些因素可能导致裂纹的产生和扩展，从而加速疲劳失效的过程。

(5) 疲劳断口

疲劳断口是疲劳失效后的断裂表面，通常具有特征性的形貌。疲劳断口通常可以分为疲劳区和断口区这两个区域。疲劳区显示了裂纹逐渐扩展的过程，表面可能具有砂眼状、贝壳状等特征；断口区是在最后一次循环荷载下发生的突然断裂，表面通常呈现粗糙的形貌。

5.2.2 疲劳破坏的基本特征

疲劳破坏通常是一个非线性过程，大致可以看成以下三个阶段。

(1) 裂纹萌生

在反复循环荷载作用下，材料内部由于应力集中或微观缺陷等原因，局部应力超过了材料的临界值，导致微裂纹的形成。这个阶段通常发生在疲劳寿命的早期阶段，裂纹的生成和扩展较慢。

(2) 裂纹扩展

随着循环荷载的作用，原先产生的微裂纹开始逐渐扩展。在这个阶段，裂纹扩展速度逐渐加快，但仍然是一个相对较慢的过程。裂纹扩展主要沿着应力最大的方向进行，产生疲劳纹理。

(3) 快速断裂

当裂纹扩展到一定程度，材料的剩余截面不能承受荷载，此时裂纹扩展速度急剧增加，最终导致材料的断裂。这个阶段往往发生得非常迅速，可能在很短的时间内导致整个结构的破坏。

为了预防疲劳破坏，可以从材料、设计、制造和使用等方面进行改进。例如，选择具有较高疲劳强度的材料、优化结构设计以减少应力集中、提高制造工艺以减少表面缺陷、定期检查和维护结构以及时发现和处理裂纹等。

5.2.3 疲劳分析常用术语

疲劳分析中，通常用到以下的参量，参量的定义均基于恒幅循环荷载，如图 5-2-2 所示。

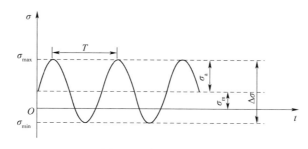

图 5-2-2 恒幅循环荷载

图中，σ_{min} 表示最小应力，σ_{max} 表示最大应力。

应力范围 $\Delta\sigma$：

$$\Delta\sigma = \sigma_{max} - \sigma_{min} \tag{5-2-1}$$

应力幅 σ_a：

$$\sigma_a = \frac{1}{2}(\sigma_{max} - \sigma_{min}) \qquad (5\text{-}2\text{-}2)$$

平均应力 σ_m：

$$\sigma_m = \frac{1}{2}(\sigma_{max} + \sigma_{min}) \qquad (5\text{-}2\text{-}3)$$

应力比 R：

$$R = \frac{\sigma_{min}}{\sigma_{max}} \qquad (5\text{-}2\text{-}4)$$

图 5-2-3 显示不同应力比下的循环荷载。其中,当应力比 $R = -1$ 时,称为对称循环;当应力比 $R = 0$ 时,称为脉动循环。

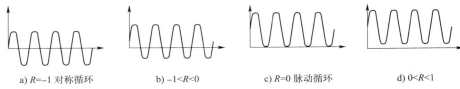

a) $R=-1$ 对称循环　　　b) $-1<R<0$　　　c) $R=0$ 脉动循环　　　d) $0<R<1$

图 5-2-3　不同应力比下的循环荷载

一般来说,应力(应变)幅或者应力(应变)范围是影响疲劳寿命的决定因素,其他因素也会对疲劳寿命产生一定影响。

5.3　疲劳问题的分类

1）按照研究对象分类

（1）材料疲劳

研究不同材料(如金属、陶瓷、聚合物、复合材料等)在循环荷载下的疲劳性能和失效机制。材料疲劳通常考虑材料的微观结构、缺陷、裂纹扩展等因素。

（2）结构疲劳

研究的是工程结构在循环荷载下的疲劳行为和失效模式。结构疲劳关注的是工程结构的整体性能,包括结构的几何形状、尺寸、连接方式等对疲劳性能的影响。

2）按照疲劳寿命分类

（1）高周疲劳

经 10^4 次以上循环产生的失效称为高周疲劳,作用于材料或结构的应力水平通常远低于其屈服强度。

（2）低周疲劳

经 10^4 次以下循环产生的失效称为低周疲劳,作用于材料或结构的应力水平接近或超过其屈服强度。

高周疲劳材料处于线弹性范围,应力与应变线性相关,也称应力疲劳;低周疲劳材料有明显塑性,应力与应变呈非线性关系,采用应变作为参数可以得出较好规律,也称应变疲劳。

3）按应力状态分类

（1）单轴疲劳

指在一个方向上作用有循环应力的疲劳现象。在单轴疲劳情况下,材料或结构仅在一个方向上承受周期性变化的应力,这种应力类型可能是拉伸-压缩、扭转或弯曲。

(2)多轴疲劳

指在多个方向上作用有循环应力的疲劳现象。在多轴疲劳情况下,材料或结构在不同方向上承受周期性变化的应力,这些应力可能是复杂的组合,如拉伸-压缩和扭转、弯曲和扭转等,多轴疲劳更接近实际工程应用场景。多轴应力作用下的疲劳,又可细分为荷载等比例同步加载和不等比例加载,区别在于主应力方向是否随时间改变。

4)按荷载变化情况分类

(1)恒幅荷载疲劳

作用在材料或结构上的循环应力具有固定的幅值和频率,如图 5-3-1a)所示。这意味着应力在每个循环过程中沿相同的路径变化,如正弦波形或方波形。

(2)变幅荷载疲劳

作用在材料或结构上的循环应力具有不同的幅值和/或频率,如图 5-3-1b)所示。这意味着应力在不同的循环过程中沿着不同的路径变化。

(3)随机疲劳

指在随机荷载作用下引起的疲劳现象,如图 5-3-1c)所示。在许多实际应用中,结构和材料可能会受到随机荷载的影响,这些荷载的幅值、频率和相位随机出现。

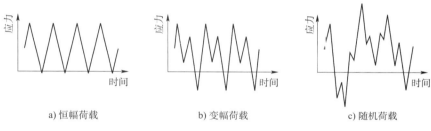

图 5-3-1 不同的荷载变化情况

5)按照工作条件分类

(1)热疲劳

一种由于材料承受周期性温度变化而导致的疲劳现象。热疲劳主要发生在经常处于高温和温度波动环境中的部件,如发动机、涡轮机、锅炉、火箭发动机等。

(2)腐蚀疲劳

指在腐蚀环境下承受循环荷载时材料所经历的疲劳现象。与普通疲劳相比,腐蚀疲劳在这种情况下更容易导致材料失效,因为循环应力和腐蚀作用共同作用于材料或结构,加速了裂纹的萌生和扩展。腐蚀疲劳通常发生在暴露于腐蚀性环境的结构和部件中,例如海洋结构、桥梁、飞机、化工设备等。

(3)接触疲劳

指材料表面在接触荷载作用下承受循环应力而导致的疲劳现象。这种疲劳损伤通常发生在机械零件的接触表面,如滚动轴承、齿轮、凸轮、滑动轴承等。在这些部件中,接触表面受到循环荷载的影响,产生局部应力集中,从而导致疲劳损伤。

(4)冲击疲劳

指在冲击荷载作用下材料所经历的疲劳现象。与其他类型的疲劳相比,冲击疲劳具有循环应力幅值较大、应力波形具有冲击性质和应力波形的持续时间较短等特点。这种疲劳现象通常发生在受到冲击荷载影响的部件上,例如承受锤击、碰撞、爆炸等情况下的结构件。

在 MeshFree 中,疲劳分析按照应力疲劳和应变疲劳进行分类。当材料处于线弹性范围,应力与应变线性相关,此时用应力疲劳,也叫高周疲劳;当材料出现明显塑性,应力与应变呈非线性关系,应采用应变作为参数可以得出较好规律,此时用应变疲劳,也叫低周疲劳,如图 5-3-2 所示。

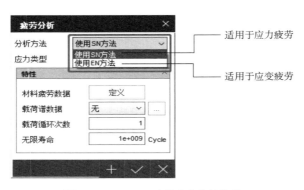

图 5-3-2　MeshFree 中的疲劳分析类型

5.4　疲劳评估方法

5.4.1　应力寿命法

1)名义应力法和真实应力法

高周疲劳分析中,材料或者结构处于线弹性状态,疲劳分析时常以应力为参考指标。

(1)名义应力法

一种基于线性弹性力学的应力计算方法。在名义应力法中,应力是通过将作用在结构或材料上的外部荷载除以截面积来计算的,不考虑任何的应力集中情况。使用时,需要用应力集中系数进行修正,除此之外,还要考虑尺寸效应、表面处理方法、温度、腐蚀等影响。

(2)真实应力法

实际情况下,结构往往是复杂和不规则的,很难通过截面定义名义应力。通过仿真计算,可以得到较为准确的应力,包含应力集中处的最大应力,无须再考虑应力集中系数。其他各因素的影响与名义应力法一致。

2)$S\text{-}N$ 曲线

有三种方法可以得到材料的 $S\text{-}N$(应力-寿命)曲线。分别是查询文献、规范和手册,疲劳试验以及按经验简化。

在 midas MeshFree 中,采用的是按经验简化的输入方式。可将应力 $0.9\sigma_b$(σ_b 为抗拉强度)重复次数为 1000 次的点和持久疲劳极限应力幅 σ_e($\sigma_e = 0.5\sigma_b$)重复次数为 1×10^6(承载循环)的点之间的连线作为 $S\text{-}N$ 曲线,如图 5-4-1 所示。钢铁材料试验中疲劳极限应力幅比较明显,但是像铝一样的材料试验中不能获得明确的疲劳极限应力,此时可将疲劳寿命为 5×10^8 次的应力幅作为疲劳极限应力幅。

在 midas MeshFree 中定义 S-N 曲线,如图 5-4-2 所示。输入抗拉强度、持久疲劳极限和持久疲劳极限对应的承载循环。

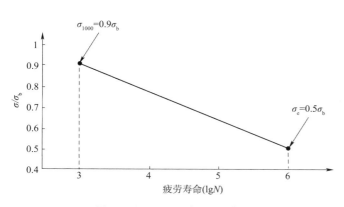

图 5-4-1　MeshFree 中的 S-N 曲线　　　　图 5-4-2　S-N 曲线的定义

3）多轴应力的等效

一般情况下,S-N 曲线反应的是单向应力状态下应力幅与疲劳寿命之间的关系,如纯剪切、纯弯曲、单向拉伸等。而仿真计算得到的应力一般是复杂应力状态下的多轴应力,通常按照强度理论进行转化。

在 midas MeshFree 中,可提供的应力类型有最大主应力、最大切应力、von Mises 应力和带符号的 von Mises 应力。其中,带符号的 von Mises 应力的符号由绝对值最大的主应力符号决定。

4）循环计数方法

一般情况下,作用在结构上的循环荷载是变幅荷载,如图 5-4-3 所示。循环计数方法的目的是将实测荷载历程简化为有限个等效恒幅荷载组成的荷载谱,并获得每个恒幅荷载的循环次数,用于计算疲劳寿命和损伤度。

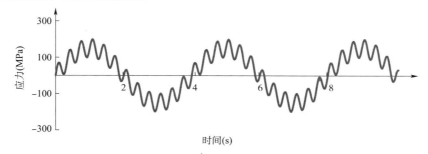

图 5-4-3　变幅荷载

在 midas MeshFree 中,循环计数方法采用的是雨流计数法,由日本松石(Matsuishi)和远藤(Endo)在 1968 年提出。图 5-4-4 对雨流统计法进行了简要的描述。

图 5-4-4 中确定应力-时间曲线中的峰点和谷点,将相邻的峰点和谷点用直线相连,把曲线简化为折线。时间轴垂直向下,连接波峰和波谷的折线成多宝塔屋顶形。假想雨水下落到多宝塔屋顶的最高点 A 处,以 A 为起点沿 A→B 线向左下方流动;流到屋檐 B 时分流,一股从屋檐落向地面;另外分出一个新股,以转折点 B 为起点沿下一层屋顶的上表面反向(向右下)

流动。该股流动到屋檐 C 处又分流,新股为图中以 C 为起点的雨流。如此继续,直到最下层屋顶。

雨流循环计数实例:假如 $A=25\mathrm{MPa}$、$B=5\mathrm{MPa}$、$C=14\mathrm{MPa}$、$D=-14\mathrm{MPa}$、$E=16\mathrm{MPa}$、$F=2\mathrm{MPa}$、$G=7\mathrm{MPa}$、$H=-12\mathrm{MPa}$、$I=25\mathrm{MPa}$,如图 5-4-5 所示。

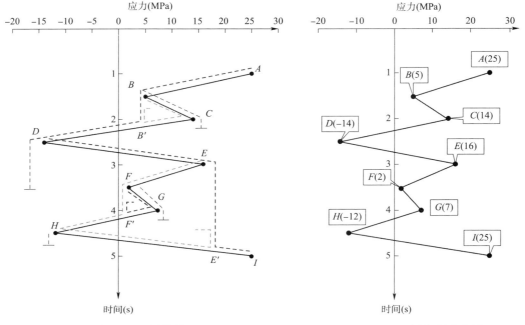

图 5-4-4 雨流统计法　　　　　　　　　图 5-4-5 雨流循环计数实例

结合图 5-4-4 可以知道一共有 4 个循环,分别是 $A\to D\to I$、$B\to C\to B'$、$E\to H\to E'$,$F\to G\to F'$,它们的最大值、最小值、应力范围以及平均应力见表 5-4-1。

各循环数据　　　　　　　　　　　　　　　　　　　　表 5-4-1

循环	最大值(MPa)	最小值(MPa)	应力范围(MPa)	平均应力(MPa)
$A\to D\to I$	25	-14	39	5.5
$B\to C\to B'$	14	5	9	9.5
$E\to H\to E'$	16	-12	28	2
$F\to G\to F'$	7	2	5	4.5

5)平均应力修正方法

在应力循环中,应力幅(应力范围)对材料寿命的影响至关重要。另外,平均应力对寿命也有一定程度的影响。

大多数情况下,受试验条件和经济性的限制,不大可能得到多种不同平均应力的 S-N 曲线,只给出平均应力为 0 时的 S-N 曲线。因此,需要对平均应力不为 0 的情况进行平均应力修正。一般认为,在一定应力范围内,压缩应力提高疲劳极限,拉伸应力降低疲劳极限。

进行平均应力修正的根本目的是将模型实际中的应力状态按照等寿命转换到材料测试时的应力比状态。给定一个"非零平均应力"的循环,获得相应的应力范围和平均应力,进行相关方法的平均应力修正,得到这个"非零平均应力"所等效的"零平均应力"循环。

midas MeshFree 有 3 种平均应力修正选项:无、古德曼(Goodman)、格伯(Gerber)。这 3 种方法无需用户选择,计算完成之后,程序提供 3 种修正选项的结果。

(1)无

不进行平均应力修正。

(2)古德曼(Goodman)

Goodman 理论适用于低韧性材料,对压缩的平均应力不做修正。其公式如下:

$$\frac{\sigma_a}{\sigma_{ar}} + \frac{\sigma_m}{\sigma_b} = 1 \tag{5-4-1}$$

式中:σ_a——材料在实际工况下的应力幅;

σ_m——材料在实际工况下的平均应力;

σ_b——材料的抗拉强度;

σ_{ar}——平均应力为 0 时的应力幅。

(3)格伯(Gerber)

Gerber 理论能够对韧性材料的拉伸平均应力提供很好的拟合,但它不能准确预测出压缩平均应力的有利影响。其公式如下:

$$\frac{\sigma_a}{\sigma_{ar}} + \left(\frac{\sigma_m}{\sigma_b}\right)^2 = 1 \tag{5-4-2}$$

6)线性累计损伤理论和疲劳寿命评估

累计损伤理论是一种用于预测材料或结构在多次应力循环加载下的疲劳寿命的方法。该理论基于 Miner 线性损伤累积原理,即在不同应力幅值下的疲劳损伤是可以累积的。

根据累计损伤理论,假设材料或结构在每个循环中受到的应力荷载都会导致一定的疲劳损伤,而不同应力幅值下的疲劳损伤是可加性的。通过将每个应力幅值下的疲劳损伤累积起来,可以估计结构或材料总疲劳寿命。

若构件在某个恒幅应力 σ 作用下,循环至疲劳破坏的寿命为 N,则可以定义其在经受 n 次循环时的损伤为 $D = n/N$。

假设在应力幅 σ_i 作用下,经受 n_i 次循环,则该部分应力循环对结构造成的损伤为 $D_i = n_i/N_i$。

总损伤是各级应力幅的损伤之和:

$$D_{\text{total}} = \frac{n_1}{N_1} + \frac{n_2}{N_2} + \frac{n_3}{N_3} + \cdots + \frac{n_n}{N_N} \tag{5-4-3}$$

设计中保证不发生疲劳破坏,需要:

$$D_{\text{total}} = \frac{n_1}{N_1} + \frac{n_2}{N_2} + \frac{n_3}{N_3} + \cdots + \frac{n_n}{N_N} < 1 \tag{5-4-4}$$

一般认为 $D = \sum_{i=1}^{n} \frac{n_i}{N_i} = 1$ 是损伤累积的临界值。

已知材料或者结构的累计总损伤 D_{total},那么其寿命可以表示为:

$$N = \frac{1}{D_{\text{total}}} \tag{5-4-5}$$

5.4.2 应变寿命法

低周疲劳下,结构或者材料在应力集中处已经出现明显的塑性变形,此时,与应力历程相比,应变历程与疲劳寿命的关系更加密切。

1) 局部应力应变法

结构或材料在超过屈服荷载的反复循环加载下,会经历塑性变形,导致循环硬化或者软化,应力-应变曲线最终会形成一个封闭环,这个封闭环叫作迟滞回线。将应变幅控制在不同水平上,可以得到一系列大小不同的稳定迟滞回线,将他们的顶点连接起来,就得到金属材料的循环应力-应变曲线,如图 5-4-6 所示。循环应力-应变曲线的公式为:

$$\varepsilon = \frac{\sigma}{E} + \left(\frac{\sigma}{K'}\right)^{\frac{1}{n'}} \tag{5-4-6}$$

式中:σ——真应力;

ε——真应变;

E——弹性模量;

K'——循环强度系数;

n'——循环应变硬化指数。

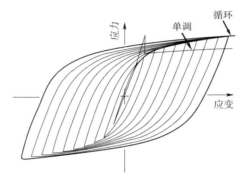

图 5-4-6 循环应力-应变曲线

2) E-N 曲线

局部应力应变法中的 E-N 曲线科芬-曼森(Coffin-Manson)表达式为:

$$\frac{\Delta\varepsilon_t}{2} = \frac{\Delta\varepsilon_e}{2} + \frac{\Delta\varepsilon_p}{2} = \frac{\sigma'_f}{E}(2N)^b + \varepsilon'_f(2N)^c \tag{5-4-7}$$

式中:$\frac{\Delta\varepsilon_t}{2}$——总应变振幅;

$\frac{\Delta\varepsilon_e}{2}$——总弹性应变振幅;

$\frac{\Delta\varepsilon_p}{2}$——总塑性应变振幅;

E——弹性模量;

$2N$——以反向数记的疲劳寿命,所以是 N 的 2 倍;

σ'_f——疲劳强度系数;

b——疲劳强度指数；
ε'_f——疲劳延性系数；
c——疲劳延性指数。

在 midas MeshFree 中的定义，E-N 曲线的定义如图 5-4-7 所示。输入疲劳强度系数、疲劳强度指数、疲劳延性系数以及疲劳延性指数，程序会自动计算循环应变硬化指数和循环强度系数。

图 5-4-7　E-N 曲线的定义

3）平均应力修正

平均应力效应可以通过经验方法来考虑，有莫罗方程（Morrow Equation）和史密斯沃森方程（SWT Equation）。

莫罗方程（Morrow Equation）的表达式为：

$$\frac{\Delta\varepsilon_t}{2} = \frac{\sigma'_f - \sigma_m}{E}(2N_f)^b + \varepsilon'_f \left(\frac{\sigma'_f - \sigma_m}{\sigma'_f}\right)^{\frac{c}{b}} (2N_f)^c \tag{5-4-8}$$

史密斯沃森方程（SWT Equation）的表达式为：

$$(\sigma_m - \sigma_a)\frac{\Delta\varepsilon_t}{2}E = (\sigma'_f)^2(2N_f)^b + \sigma'_f\varepsilon'_f E(2N_f)^{b+c} \tag{5-4-9}$$

式中：σ_m——平均应力；

其余符号含义同前。

在应变寿命法中，雨流计数和损伤累计与应力寿命法一致。

5.5　在 MeshFree 中进行疲劳分析

5.5.1　疲劳分析流程

在 midas MeshFree 中，疲劳分析的流程如图 5-5-1 所示。

从图中可以看出，进行疲劳分析之前，要先进行静力学分析。疲劳分析中结构承受的荷载是循环荷载,然而上一步中静力分析的结果是不具有任何时间信息的,因此我们需要将交变荷载的时间信息添加到静力分析的结果中,在 MeshFree 软件中是通过输入荷载历程数据来实现的。MeshFree 支持等比例加载的恒幅荷载和变幅荷载。

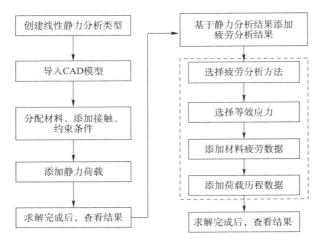

图 5-5-1　疲劳分析流程图

5.5.2　疲劳分析的控制选项

在线性静力分析计算完成之后,在分析工况窗口中右键线性静力分析工况,选择添加疲劳分析结果,如图 5-5-2 所示。

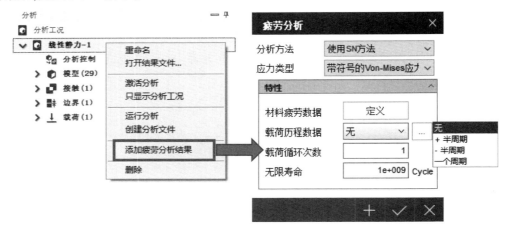

图 5-5-2　疲劳分析控制选项

(1) 分析方法:选择应力寿命法(SN)还是应变寿命法(EN)。

(2) 应力类型:选择等效应力,可提供的应力类型有最大主应力、最大切应力、von Mises 应力和带符号的 von Mises 应力。其中,带符号的 von Mises 应力的符号由绝对值最大的主应力的符号决定。

(3) 材料疲劳数据:定义 S-N 曲线或 E-N 曲线,参见 5.4 节。

(4) 荷载历程数据:可选择程序自带的全周期、+半周期和 −半周期,生成的是恒幅荷载,也可以通过自定义,生成恒幅荷载和变幅荷载。

(5)荷载循环次数:输入"1"即可,无须改动,表示 1 个荷载或者荷载块循环。
(6)无限寿命:用一个数值表示不发生疲劳破坏的循环次数。

5.5.3 疲劳分析的结果

MeshFree 疲劳分析完成后,提供疲劳寿命和疲劳损伤度 2 种结果。应力寿命法提供基于 Goodman 和 Gerber 平均应力修正的结果,应变寿命法提供基于 Morrow 和 SWT 平均应力修正的结果,如图 5-5-3 所示。

(1)寿命/循环次数:显示当前荷载循环至失效时的循环次数,也就是预测当前的结构能够用多久,是损伤度的倒数。交变荷载循环一次的时间乘以寿命(次数)等于预计可使用的总时间。

(2)损伤度:按照线性累计损伤理论计算,单位是%。

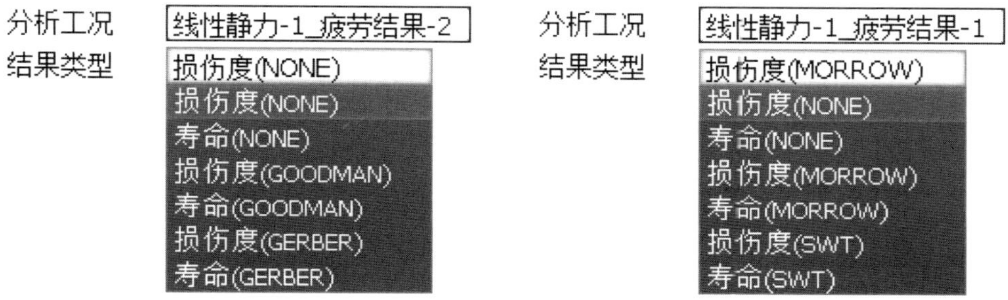

图 5-5-3 疲劳分析结果

第6章　非线性静力分析

非线性静力分析是用于研究在应力-应变关系不再服从线性弹性理论时的结构行为。在这种分析中,考虑了材料的非线性性质,如塑性变形、接触问题,以及结构的大变形和失稳现象。通过模拟真实世界中更复杂的加载和结构响应,非线性静力分析能够提供更准确的预测。

6.1　结构非线性定义

线性分析假设施加在结构上的荷载和产生的响应(位移)是线性的,如图6-1-1所示。因此,在线性分析中,结构的刚度(K)总是具有恒定值,并且在分析期间不会改变;另外假设变形和应变非常小(<0.2%),并且边界条件不发生变化。

非线性分析被定义为施加在结构上的荷载与其响应(位移)之间的关系是非线性的,如图6-1-2所示。在线性分析中,结构的刚度(K)在分析期间是恒定值,但在非线性分析的情况下,结构的刚度不断变化。因此,非线性分析通过迭代计算变化的刚度(K)来计算问题的解。

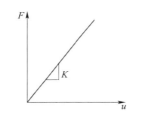
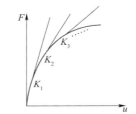

图6-1-1　线性分析中荷载-位移曲线　　图6-1-2　非线性分析中荷载-位移曲线
F-荷载;u-位移

无论是线性静力分析还是非线性静力分析,控制方程均为:

$$F = Ku \tag{6-1-1}$$

式中:F——外荷载向量;

K——刚度矩阵;

u——位移向量。

在线性静力分析中,刚度矩阵K保持不变;而在非线性静力分析中,刚度矩阵K不断变化。

6.2　非线性问题的分类

非线性问题包含材料非线性问题、几何非线性问题以及接触非线性问题,如图6-2-1所示。

(1)材料非线性问题

结构的应力-应变关系是非线性或者非线性弹性。这可能是由于材料的内部结构、晶体缺陷、微观变形机制等因素导致的。一些常见的材料非线性行为包括弹塑性行为、超弹性行为、蠕变(长期变形)、损伤和断裂等。

(2) 几何非线性问题

几何非线性问题指在结构分析中考虑结构的大变形、大位移和大转动引起的非线性效应。当结构的变形较大时,线弹性理论不再适用。结构在受力作用下可能会发生弯曲、扭转、弯矩增大等大变形行为,这就是大变形效应。大位移或大转动效应指的是结构在受力作用下发生较大的平移和旋转,这会导致结构内部的应力和应变分布发生变化,从而影响结构的力学行为。

(3) 接触非线性问题

接触非线性问题指在结构分析中考虑两个或多个物体之间的接触时,接触界面的非线性效应。在接触分析中,接触表面之间可能存在滑动、分离等现象,这会引起接触区域的应力和位移的非线性行为。

a) 材料非线性问题

b) 几何非线性问题

c) 接触非线性问题

图 6-2-1　非线性问题分类

6.2.1　材料非线性问题

材料非线性问题包含弹塑性、超弹性和非线性弹性等行为,这些是材料在受力作用下展现的不同类型的非线性响应。目前,MeshFree 提供基于弹塑性模型和超弹性模型的材料非线性。

1) 材料弹塑性

一般地,金属在开始加载时,结构受到的荷载与变形成正比,材料处于弹性区域。当荷载开始增加,应力达到屈服极限时,材料进入塑性区域,其应力-应变关系不再是线性关系。

为了进行非线性分析,需要应力-应变曲线。应力-应变曲线可以通过材料的拉伸试验获得。在正常的拉伸试验中,得到的是荷载-位移曲线。为了得到应力-应变曲线,在试验前应准确测量试样的横截面积和标距长度。由此,可以将荷载-位移曲线转换为应力-应变曲线。

通常情况下,由试验定义的应力-应变关系称为工程应力-应变曲线,没有考虑试验期间横截面变化的影响,而真实的应力-应变曲线考虑了横截面变化的影响。

关于弹塑性材料应力-应变曲线的详细描述可参见 2.1.4 中 3) 部分。

材料的实际应力-应变曲线通常比较复杂,工程计算中为简化工作量,通常使用一定的数学模型来表示材料的弹塑性,MeshFree 提供的模型包含理想塑性模型、双线性模型和多段线模型,它们的曲线图如图 6-2-2 所示。

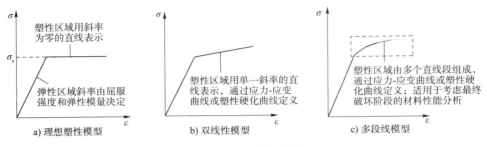

图 6-2-2 弹塑性模型分类

在 midas MeshFree 中,弹塑性材料的定义界面如图 6-2-3 所示,其相关选项含义介绍如下。

图 6-2-3 弹塑性材料定义界面

(1)弹塑性:勾选后进入弹塑性材料定义,创建基于 Mises 屈服准则的弹塑性材料模型。

(2)塑性硬化曲线:仅输入塑性部分的数据,弹性部分用弹性模量来表示。

(3)应力-应变曲线:表示完整的弹塑性阶段,需输入应力、应变数据。

(4)理想塑性:达到屈服点后,材料进入完全塑性状态,斜率为 0。

(5)硬化规则:描述屈服面如何随着塑性变形的增加而发生变化,包括等向强化、随动强化以及组合强化(等向强化+随动强化)。

①等向强化

对于对 Mises 屈服准则来说,屈服面在所有方向均匀扩张,如图 6-2-4a)所示,适用于大应变、比例加载,不适合循环加载;由于等向强化,在受压过程中的屈服应力等于受拉过程的屈服应力,如图 6-2-4b)所示。

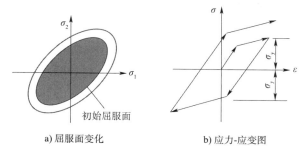

图 6-2-4 等向强化示意图

②随动强化

随动强化指屈服面大小不变,但在屈服方向上移动,如图 6-2-5a)所示,适用于小应变,循环加载。在随动强化中,拉伸方向屈服应力的增加导致压缩方向屈服应力的下降,两者屈服应力之间总是存在 $2\sigma_y$ 的差别,如图 6-2-5b)所示。

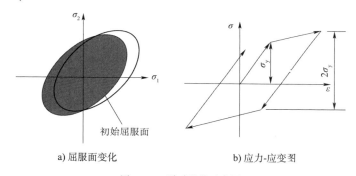

图 6-2-5 随动强化示意图

③组合强化

组合强化是指将两种强化准则结合起来,屈服面大小增加的同时在屈服方向上移动。当组合因子为 0 时,等同于等向强化;当组合因子为 1 时,等同于随动强化。

常见材料的弹塑性数据如图 6-2-6 所示。

2) 材料超弹性

超弹性材料的弹性变形可以达到数百个百分比,但仍能恢复到原始的形状,如图 6-2-7 所示。而传统的弹性材料,如钢材,通常只能承受几个百分比的形变。超弹性材料的物理特点可以概括为:

(1) 大应变/大位移能力:能够承受大应变(通常可达 100% 或者更高)和大位移,这意味着它能够在应力作用下大幅度的拉伸或压缩,然后在去除应力后恢复原状。这在材料需要具有耐振、防振等特性的场合非常有用。

(2) 低模量:在较小的应力作用下也会有大的变形,其弹性模量较低,甚至在小应变下定义的弹性模量也仅在 1MPa 数量级。

(3) 体积改变小:虽然超弹性材料能够承受大应变和大位移,但其体积改变极其微小,几乎可以视为不可压缩。这一特性对于需要保持密封性的场合非常有用,比如制作气密垫圈或轮胎等。

常见金属材料非线性数据(双线段弹塑性) 建议采用塑性硬化曲线							
Stainless Steel(不锈钢)(如SUS304) 泊松比:0.31 弹性模量:196500MPa				Alloy Steel(合金钢) 泊松比:0.28 弹性模量:210000MPa			
塑性硬化曲线(等向强化)		应力-应变曲线(等向强化)		塑性硬化曲线(等向强化)		应力-应变曲线(等向强化)	
塑性应变	应力(MPa)	总应变	应力(MPa)	塑性应变	应力(MPa)	总应变	应力(MPa)
0	210	0	0	0	250	0	0
0.21667	600	0.0010687	210	0.24138	600	0.00119	250
		0.2177387	600			0.24257	600
Aluminum Alloy(铝合金) 泊松比:0.33 弹性模量:71000MPa				Copper Alloy(铜合金) 泊松比:0.34 弹性模量:110000MPa			
塑性硬化曲线(等向强化)		应力-应变曲线(等向强化)		塑性硬化曲线(等向强化)		应力-应变曲线(等向强化)	
塑性应变	应力(MPa)	总应变	应力(MPa)	塑性应变	应力(MPa)	总应变	应力(MPa)
0	280	0	0	0	280	0	0
0.64	600	0.00394	280	0.27826	600	0.00254545	280
		0.64394	600			0.28080545	600
Magnesium Alloy(镁合金) 泊松比:0.35 弹性模量:45000MPa				Titanium Alloy(钛合金) 泊松比:0.33 弹性模量:117270MPa			
塑性硬化曲线(等向强化)		应力-应变曲线(等向强化)		塑性硬化曲线(等向强化)		应力-应变曲线(等向强化)	
塑性应变	应力(MPa)	总应变	应力(MPa)	塑性应变	应力(MPa)	总应变	应力(MPa)
0	193	0	0	0	930	0	0
0.4424	600	0.00439	193	0.265116	1500	0.00793	930
		0.44669	600			0.27305	1500

图 6-2-6 常见材料的弹塑性数据(双线段弹塑性)

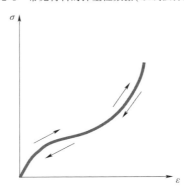

图 6-2-7 超弹性材料应力-应变曲线

超弹性材料由于其大应变、大位移和非线性的特性,通常用应变能密度函数来描述。在 MeshFree 中,应变能密度函数 U 支持多项式(Polynomial)、奥格登(Ogden)和布兰茨-考(Blatz-Ko)模型。

(1)多项式(Polynomial)模型

多项式模型是最常用的形式,它的表达式如下:

$$U = \underbrace{\sum_{i+j=1}^{N_a} A_{ij}(J_1 - 3)^i(J_2 - 3)^j}_{\text{畸变应变能}} + \underbrace{\sum_{i=1}^{N_d} D_i(J_3 - 1)^{2i}}_{\text{体积应变能}} \quad (6\text{-}2\text{-}1)$$

式中:U——应变能密度;

J_1、J_2——去除体积变形J_3后格林张量的第1、第2偏差应变不变量;

J_3——变形梯度的第三不变量(体积变形);
A_{ij}——材料常数,描述材料的剪切特性;
D_i——材料常数,引入不可压缩性;
N_a——畸变应变能阶数;
N_d——体积应变能阶数。

如果D_i设置为0,表示忽略体积应变能,MeshFree 将认为材料为完全不可压缩。
当$N_a = 1$时,式(6-2-1)简化为:

$$U = A_{10}(J_1 - 3) + A_{01}(J_2 - 3) + \sum_{i=1}^{N_d} D_i(J_3 - 1)^{2i} \qquad (6-2-2)$$

它表示1阶多项式模型,实际上等效于2阶穆尼-里夫林模型(Mooney-Rivlin)模型,适用于拉应变100%、压应变30%的情况。式(6-2-2)中,若A_{01}等于0,为新胡克(Neo-Hookean)模型,如式(6-2-3)所示。

$$U = A_{10}(J_1 - 3) + \sum_{i=1}^{N_d} D_i(J_3 - 1)^{2i} \qquad (6-2-3)$$

此外,当$N_a = 2$时,2阶多项式模型等效于5阶穆尼-里夫林模型(Mooney-Rivlin)模型,当$N_a = 3$时,3阶多项式模型等效于9阶穆尼-里夫林模型(Mooney-Rivlin)模型。

在 midas MeshFree 中,多项式(Polynomial)模型的定义界面如图6-2-8所示。其中,畸变应变能阶数和体积应变能阶数两者最高能定义到5阶。如果通过泊松比来定义不可压缩性,那么不再需要输入材料常数D_i。

图6-2-8 多项式(Polynomial)模型的定义界面

(2)奥格登(Ogden)模型

奥格登(Ogden)模型主要用于描述可压缩泡沫橡胶材料,可由偏差主延伸率定义应变能函数,较布兰茨-考(Blatz-Ko)模型在大应变下精度更高,应变可达700%。它的表达式为:

$$U = \sum_{i=1}^{N_a} \underbrace{\frac{\mu_i}{\alpha_i}(\overline{\lambda}_1^{\alpha_i} + \overline{\lambda}_2^{\alpha_i} + \overline{\lambda}_3^{\alpha_i} - 3)}_{\text{畸变应变能}} + \underbrace{\sum_{i=1}^{N_d} D_i(J_3 - 1)^{2i}}_{\text{体积应变能}} \qquad (6\text{-}2\text{-}4)$$

式中： U——应变能密度；

J_3——变形梯度的第三不变量(体积变形)；

μ_i、α_i——材料常数；

$\overline{\lambda}_1$、$\overline{\lambda}_2$、$\overline{\lambda}_3$——偏差主延伸率；

D_i——材料常数,引入不可压缩性；

N_a——畸变应变能阶数；

N_d——体积应变能阶数。

在 midas MeshFree 中,奥格登(Ogden)模型的定义界面如图 6-2-9 所示。其中,畸变应变能阶数和体积应变能阶数两者最高能定义到 5 阶。如果通过泊松比来定义不可压缩性,那么不再需要输入材料常数D_i。

图 6-2-9　奥格登(Ogden)模型的定义界面

(3)布兰茨-考(Blatz-Ko)模型

布兰茨-考(Blatz-Ko)模型是描述可压缩泡沫类聚氨酯橡胶材料的最简单形式。它的表达式为：

$$U = \frac{\mu}{2}\left(\frac{I_2}{I_3} + 2\sqrt{I_3} - 5\right) \qquad (6\text{-}2\text{-}5)$$

式中：U——应变能密度；

μ——剪切模量；

I_2、I_3——格林张量第2、第3应变不变量。

在midas MeshFree中,布兰茨-考(Blatz-Ko)模型的定义界面如图6-2-10所示,只需要输入剪切模量即可。

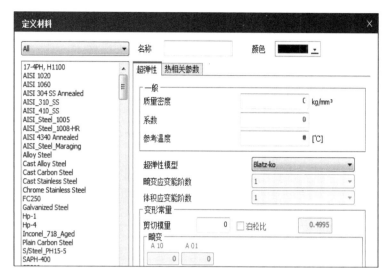

图6-2-10　布兰茨-考(Blatz-Ko)模型的定义界面

从上文可知,除了布兰茨-考(Blatz-Ko)模型,多项式(Polynomial)、奥格登(Ogden)模型都需要输入材料常数。在midas MeshFree中,材料常数可以通过输入试验数据生成,支持用四种试验方法得到的数据计算畸变应变能材料常数,它们分别是纯拉伸/压缩、等双轴拉伸、纯剪切和简单剪切;支持用体积压缩试验数据计算体积应变能材料常数。两者计算采用的是最小二乘法,输入的试验数据为名义应力和名义应变。

在midas MeshFree中,试验数据定义界面如图6-2-11所示,其相关选项的含义介绍如下。

①试验组:可选择纯拉伸/压缩、等双轴拉伸、纯剪切和简单剪切试验类型,并点击 输入试验数据。选择试验方法和对应的试验数据后,需要点击添加,同时可以修改和删除。

②用于定义体积响应的数据:输入体积压缩试验数据或者输入泊松比表示不可压缩性。

③拟合试验数据的范围:默认情况下,所有的输入数据用于计算。勾选后,用户可自己选择数据范围。

图6-2-11　试验数据定义界面

④拟合特性:选择多项式(Polynomial)或者奥格登(Ogden)模型,并选择畸变应变能和体积应变能阶数。选择后,需要点击添加,同时可以修改和删除。

⑤拟合的误差标准:相对误差在应力为零的附近反应比较强烈,与变形较小位置的试验结果较为一致,绝对误差可反应大部分区域的误差。

⑥排除奇异值:因试验数据的不完整,使用最小二乘法计算材料常数时容易引起过大的误差。这可通过排除奇异值解决,但排除不当时有可能得到不正确的数据分布,所以需要注意查看结果。

6.2.2 几何非线性问题

几何非线性问题包含大位移、大旋转以及大应变。当变形过大时,无论材料特性如何,刚度矩阵都会发生变化。

(1)大位移、大旋转

在某些情况下,结构在受荷载作用时可能会发生大的形变,这种形变可能会改变结构的初始几何形状。例如,一个悬挂的绳子在受到重力作用时,其形状会发生显著的改变。在这种情况下,我们不能简单地假设位移是小的,而需要考虑到位移对结构刚度和应力分布的影响。这就是所谓的"大位移"效应。

另外,结构在受荷载作用时可能会发生大的旋转。例如,一个门铰链在开闭门时,其旋转角度可能会非常大。在这种情况下,我们不能简单地假设旋转角度是小的,而需要考虑到旋转对结构刚度和应力分布的影响。这就是所谓的"大转动"效应。

(2)大应变

图6-2-12 勾选"几何非线性"选项

在许多情况下,我们可以假设应变是小的,这样就可以使用线性弹性理论来描述材料的行为。然而,当材料或结构发生大的形变时,这种假设就不再成立,我们需要使用非线性弹性理论或塑性理论来描述材料的行为。这就是所谓的"大应变"效应。

大应变效应在许多工程应用中都是非常重要的。例如,在金属成形、橡胶弹簧、生物组织等领域,材料可能会经历大的形变,如果忽略了大应变效应,可能会导致对材料行为的预测不准确。

在 midas MeshFree 中,考虑几何非线性只需要在分析控制中勾选"几何非线性"即可,如图6-2-12所示。

6.2.3 接触非线性问题

在许多工程应用中,结构部件之间的接触是非常常见的,比如齿轮、轴承、接头、封闭装置等。这些接触部件在受到荷载作用时,接触界面区域大小和相互位置以及接触状态随时间发生变化,这些现象都是非线性的,因此被称为"接触非线性"。

接触非线性的影响在许多情况下都是非常重要的。例如,对于一个齿轮系统,接触非线性可能会影响到齿轮的荷载分布、齿面接触应力、齿轮的疲劳寿命等关键性能。因此,对于这类问题,我们需要使用适当的接触模型和计算方法,以便更准确地预测结构的响应。

在 midas MeshFree 中,当接触类型定义为一般接触时,属于接触非线性分析。接触的定义可参见 1.6.2 节 2)部分。

6.3 在 MeshFree 中进行非线性静力分析

6.3.1 非线性分析数值方法

下面以圆周长的计算问题为例进行分析。假如我们不知道圆周长的计算公式是 $2\pi r$,其中 r 为圆的半径,也就是说,只能使用标尺来测量长度。要使用标尺计算周长,可以将圆周划分为有限数量的直线段,并测量尺寸,如图 6-3-1 所示。随着分割数量的增加,结果与真实值越接近,误差越小。

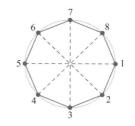

图 6-3-1 圆周长计算示意图

非线性分析计算的基本原理与上述圆周的周长计算类似。在非线性静力分析中,需要求解的方程是:

$$F = Ku \tag{6-3-1}$$

式中:F——荷载向量;
K——刚度矩阵;
u——位移向量。

如果荷载是 10kN,不是像线性静力分析一样,一次性输入 10kN,从而轻松获取结果,而是将荷载分为若干个荷载步进行计算。例如,定义荷载步为 10 步,那么每一步的荷载增量为 1kN。对每一个荷载步进行迭代计算,并将每一个荷载步得到的结果进行累加,得到最终结果。

非线性分析数值方法的关键要素是结构刚度更新、迭代方法、荷载增量和收敛准则。

1) 迭代方法

在非线性分析当中,经常使用的迭代方法包括牛顿-拉夫森(Newton-Raphson)法、修正的牛顿-拉夫森(Newton-Raphson)法、初始刚度法以及弧长法。

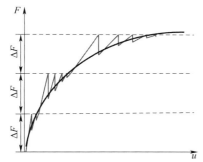

图 6-3-2 牛顿-拉夫森(Newton-Raphson)法
F-荷载;ΔF-荷载增量;u-位移

(1)牛顿-拉夫森(Newton-Raphson)法

牛顿-拉夫森(Newton-Raphson)对于每个迭代步都进行刚度更新,如图 6-3-2 所示。

如图 6-3-3 所示,在迭代过程中,$F_1 - F_{1X}$ 在设定的误差范围内,则可以认为得到收敛解。

(2)修正的牛顿-拉夫森(Newton-Raphson)法

牛顿-拉夫森(Newton-Raphson)法是每个迭代步都进行刚度更新,而修正的牛顿-拉夫森(Newton-Raphson)法是每个增量步都进行刚度更新。因此,其迭代次数会增加,但如果没有收敛问题,计算速度会更快,如图 6-3-4 所示。

(3)初始刚度法

初始刚度法保持初始计算的刚度不变。因此,其迭代次数会增加,但如果没有收敛问题,计算速度会更快，如图 6-3-5 所示。

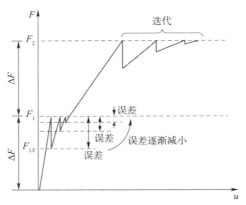

图 6-3-3　牛顿-拉夫森（Newton-Raphson）法

F-荷载；ΔF-荷载增量；F_1-第 1 荷载步对应的外荷载，$F_1 = \Delta F$；F_2-第 2 荷载步对应的外荷载，$F_2 = \Delta F + F_1$；F_{1X}-外荷载为 F_1 时，迭代过程中产生的内力；u-位移

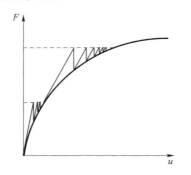
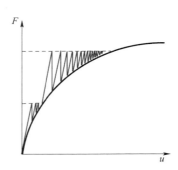

图 6-3-4　修正的牛顿-拉夫森（Newton-Raphson）法　　　　图 6-3-5　初始刚度法

（4）弧长法

弧长法可以得到刚度为零或者负数处的解，通常用于发生跳跃（snap-through）的非线性屈曲分析，如图 6-3-6 所示。

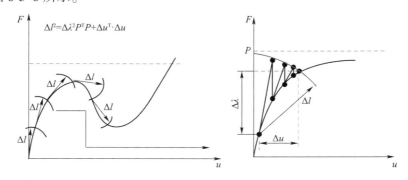

图 6-3-6　弧长法

Δl-弧长；P-外荷载；$\Delta \lambda$-荷载因子增量；Δu-位移增量

2）收敛准则

收敛有荷载、位移和能量三个准则，如图 6-3-7 所示。

通常情况下，满足以下两个准则才能获得合理的结果：一是荷载加能量收敛准则；二是位移加能量收敛准则。前者是传统上使用的收敛准则，后者用于对于荷载不敏感的系统，如图 6-3-8 所示。

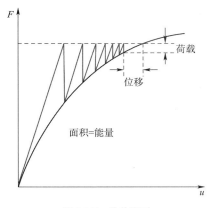

图 6-3-7　收敛准则

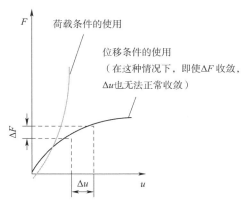

图 6-3-8　位移条件和荷载条件的使用

6.3.2　分析控制

在 midas MeshFree 中，进行非线性静力分析时，打开子工况分析控制，可以进行分析选项的设置，如图 6-3-9 所示。分析控制选项卡里相关概念介绍如下。

（1）增量步骤数：确定增量数（ΔF）。

（2）收敛标准/误差容许值：至少选择 2 种收敛准则，传统上使用的收敛准则是荷载和能量，位移用于对荷载不敏感的系统。

（3）中间输出：每个增量步是输出所有增量步结果，包含 2 分增量步；每个非 2 分增量是输出除 2 分增量步以外的结果；最后增量步是输出最后增量步结果；每 N 个非 2 分增量步是按输入增量步间隔 N 输出除 2 分增量步以外的结果。

点击图 6-3-9 中的高级非线性选项，可以进一步进行分析选项的设置，如图 6-3-10 所示。

（1）刚度参数更新方法：在 midas MeshFree 中，支持牛顿-拉夫森（Newton-Raphson）方法。无法收敛时终止分析，收敛失败时，结束分析。如果没有勾选，即使没有收敛，也会继续计算。

图 6-3-9　分析控制

（2）每次增量最大迭代次数：指定每个增量中允许的最大迭代次数。如果达到设定值后仍未收敛，则将设定的荷载增量一分为二并再次进行分析。例如，10N 的荷载增量不收敛，将对 5N 的荷载增量重新进行计算。

（3）最大二分等级：设定荷载增量二等分的次数，例如，如果二等分次数为 5，则 10N 的荷载总共可分为 5N、2.5N、1.25N、0.625N 和 0.3125N。

（4）激活线搜索：如果非线性求解时，存在振荡收敛问题，线搜索有助于提高收敛性。

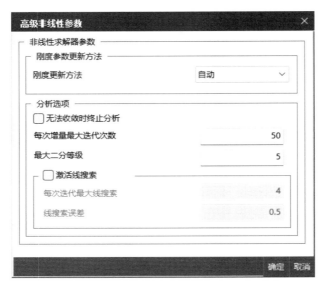

图 6-3-10　高级非线性参数

6.3.3　非线性分析总结

1）非线性计算的特点

如果物体对外部刺激（如荷载和温度）表现出非线性行为，通过数值分析能够获得解答。与线性分析相比，非线性分析比较难，计算时间也很长。发生非线性行为时，结构的位移与外部荷载之间不成比例关系，无法通过一次计算求得结果。

线性行为的荷载-位移曲线每一处的斜率均相等，且等于刚度 K，但是，非线性行为的荷载-位移曲线斜率每一点都不同。求解时，将荷载分成 n 个荷载步骤，对每一个荷载步进行迭代计算。比较经典的迭代计算方法是牛顿-拉夫森（Newton-Raphson）方法。非线性行为包含材料非线性，几何非线性以及接触非线性。

由于非线性计算需要经过很多次的迭代计算才能获得比较准确的答案，所以必须指定可接受的误差范围，允许误差可根据具体的分析目标来确定。

如果非线性分析像线性分析一样简单、快捷，则不需要考虑该问题是否需要执行非线性分析。实际上，非线性分析很复杂，需要花费大量的时间才能掌握。工程师在执行非线性分析时，应该很清楚为什么要做非线性分析。

2）不收敛处理方法

（1）排除刚体运动：可以通过模态分析找到约束不足的零部件，增加约束或者接触。

（2）增加荷载增量步：加载太快，系统的不平衡力超过收敛标准。

（3）调整模型初始间隙：接触分析中，初始间隙的存在可能会导致收敛的困难。

（4）调整接触刚度或者摩擦系数：接触分析中，接触刚度太大或者摩擦系数太大，收敛性会降低。

（5）加入线搜索：迭代计算过程中发生振荡时，勾选线搜索有助于收敛。

（6）调整收敛误差：只要数值非常小，就不会影响计算精度，但能极大地提高收敛性。

第 7 章 模 态 分 析

模态分析是动力学分析的基础,主要用来求解结构的固有频率和振型。它的其中一个作用就是帮助工程师识别可能的共振问题,并指导其进行结构的设计优化以避免振动引发的潜在问题。

7.1 振动系统概述

任何经过某一时间间隔后不断重复再现的运动都可以称为振动。根据经典力学,振动系统的运动方程[如式(7-1-1)]可以由牛顿第二运动定律推导出来,它是时间的二阶微分方程。方程中,用位移、速度以及加速度来表述振动系统的运动。

单自由度振动系统的运动方程为:

$$m\ddot{u}(t) + c\dot{u}(t) + ku(t) = p(t) \tag{7-1-1}$$

式中:$m\ddot{u}(t)$——惯性力;
$c\dot{u}(t)$——阻尼力;
$ku(t)$——弹性力;
$p(t)$——荷载。

有很多推导运动方程的方法,但这些方法都是基于经典力学中的牛顿运动定律,所以得到的方程最终都是相同的。这些方法包括牛顿的运动方程、达朗贝尔原理、虚功原理、哈密尔顿定律、拉格朗日方程、能量法以及瑞利法。

假设如图 7-1-1 所示的系统中,小车质量为 m,弹簧刚度为 k,系统阻尼为 c。假设这个系统是稳定的,当动力荷载 $p(t)$ 作用在小车上时,小车由于外力作用开始振动。

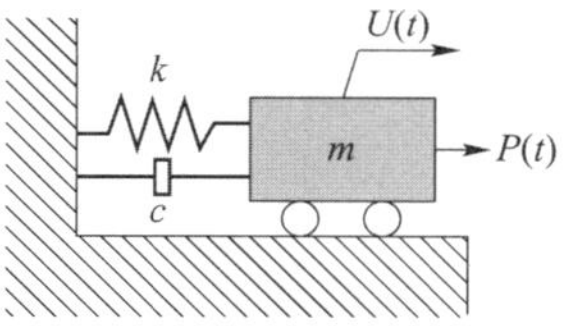

小车受力时,惯性力使小车具有保持原来状态的倾向。此时,小车发生位移,从原来的位置移动到另外一个位置。弹性恢复力将使小车回到原来的状态,弹性恢复力的大小等于弹簧的伸长量乘以弹簧刚度。最后,小车发生振动。阻尼力会使得小车的振动衰减。

图 7-1-1 振动块系统示意图

当外力作用于系统后,惯性力、阻尼力以及弹性力随之产生,用这些物理量可以写出运动方程。运动方程是动力分析的基础,应该很好理解,通过这些方程,可以输入分析所需要的值。这就是说,质量 m 必须是要输入的,确定阻尼效应的阻尼 c 也是需要输入的。另外,计算刚度 k 的材料常数如弹性模量和泊松比也必须要输入,所建的模型必须要准确。

基于以上正确的输入,才能得到可靠的结果。

运动方程中各符号的具体含义见表 7-1-1。

运动方程中各符号含义 表7-1-1

项目	符号	含义
输入(激振力)	$p(t)$	分为周期荷载和非周期荷载,分别作为频率荷载和时间荷载输入
振动系统	$m\ddot{u}(t)$	惯性力,使物体保持原有状态的倾向
	$c\dot{u}(t)$	阻尼力,系统能量的损失
	$ku(t)$	弹性力,使物体恢复到原来的状态
输出(振动)	$u(t)$	表示为对激振力的响应,或表示为与时间或者频率有关的振动

7.2 普通模态分析

7.2.1 模态分析的作用

模态分析是用来确定结构在自由振动时的动力学特性,这些动力学特性包括结构的固有频率、结构的模态振型、模态有效质量、模态有效质量百分数。

1) 模态分析的假设和限制

(1) 结构是线性的,即 **M** 和 **K** 是常量。

(2) 结构没有外荷载,可以有边界约束条件(自由模态或约束模态)。

(3) 阻尼矩阵 **C** 一般可以忽略,因为阻尼对模态结果的影响几乎可以忽略不计。

2) 模态分析的作用

(1) 可以确定结构的固有频率、振型等动力学特性,并据此避免结构发生共振或者利用共振。

(2) 模态分析是动力学分析的基础。频率响应、瞬态响应以及随机响应等采用模态叠加法时,都必须要进行模态分析;反应谱分析也需要进行模态分析。

(3) 建议

由于结构的振动特性决定结构对于各种动力荷载的响应情况,所以在准备进行其他动力分析之前要进行模态分析。

7.2.2 模态计算原理

1) 单自由度系统

图 7-2-1 所示是单自由度弹簧振子系统的无阻尼自由振动。

对以上振动系统推导其固有频率。

运动方程:

$$m\ddot{u}(t) + c\dot{u}(t) + ku(t) = p(t) \tag{7-2-1}$$

无阻尼自由振动的特点为:①没有外力;②不考虑阻尼;③初始状态不为0。故运动方程简化为:

$$m\ddot{u}(t) + ku(t) = 0 \tag{7-2-2}$$

进一步整理得:

$$\ddot{u}(t) + \frac{k}{m}u(t) = 0 \tag{7-2-3}$$

可得：

$$\begin{cases} u(t) = A\sin(\omega t + \varphi) \\ \omega = \sqrt{\dfrac{k}{m}} \end{cases} \quad (7\text{-}2\text{-}4)$$

式中：A、φ——幅值、相位，由初始条件决定；

ω——圆周频率；

其他符号含义同前。

由圆周频率，可得固有频率和周期为：

$$f = \frac{1}{T} = \frac{\omega}{2\pi} = \frac{1}{2\pi}\sqrt{\frac{k}{m}} \quad (7\text{-}2\text{-}5)$$

式中：f——固有频率；

T——周期；

其他符号含义同前。

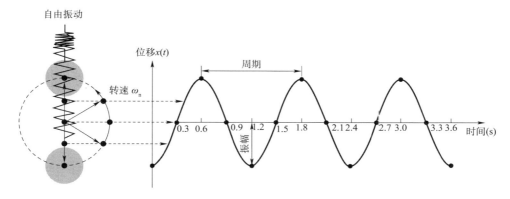

图 7-2-1 单自由度弹簧振子系统无阻尼自由振动

式（7-2-5）为单自由度无阻尼弹簧振子系统的固有频率表达式。该式在结构动力学中起着至关重要的作用。通过式（7-2-5）可以发现，结构的固有频率主要和结构的刚度和质量有关：①通过对设计产品的加固或使用高弹性模量的材料可以增加刚度，从而提高固有频率；②通过增加设计产品的自重可以增加 m，从而降低固有频率。

2）多自由度系统

对于多自由度系统的无阻尼自由振动，在其方程中需要引入矩阵。

通用的动力学方程为：

$$\boldsymbol{M}\ddot{\boldsymbol{u}}(t) + \boldsymbol{C}\dot{\boldsymbol{u}}(t) + \boldsymbol{K}\boldsymbol{u}(t) = \boldsymbol{F}(t) \quad (7\text{-}2\text{-}6)$$

式中：$\boldsymbol{M}$——质量矩阵；

$\boldsymbol{C}$——阻尼矩阵；

$\boldsymbol{K}$——刚度矩阵；

$\boldsymbol{u}(t)$——位移向量；

$\dot{\boldsymbol{u}}(t)$——速度向量；

$\ddot{\boldsymbol{u}}(t)$——加速度向量；

$\boldsymbol{F}(t)$——荷载向量。

无阻尼系统自由振动的线性运动方程为：

$$M\ddot{u}(t) + Ku(t) = 0 \qquad (7\text{-}2\text{-}7)$$

它的解可表示为以下形式：

$$u = \phi \sin(\omega t + \theta) \qquad (7\text{-}2\text{-}8)$$

$$\ddot{u} = -\omega^2 \phi \sin(\omega t + \theta) \qquad (7\text{-}2\text{-}9)$$

式中：ϕ——振型向量；
  ω——圆周频率；
  θ——初始相位；
  t——时间变量。

将式(7-2-8)和式(7-2-9)代入式(7-2-7)中，得到特征方程：

$$K - \omega^2 M \phi = 0 \qquad (7\text{-}2\text{-}10)$$

该特征方程有非零解的充分必要条件为：

$$\det(K - \omega^2 M) = 0 \qquad (7\text{-}2\text{-}11)$$

求解以上方程可以确定特征值 ω^2 和特征向量和 ϕ，特征值和特征向量一一对应。

对于 n 自由度系统，可以得到 n 个特征解。

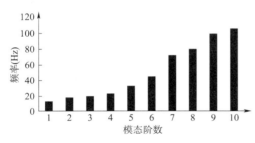

图 7-2-2 模态阶数

其中 ω_1、ω_2、ω_3、$\cdots$、ω_n 代表系统的 n 个圆周频率，ϕ_1、ϕ_2、ϕ_3、$\cdots$、ϕ_n 代表 n 个固有振型。

将所得到的各个自然频率从小到大依次排列，称之为"阶"，也就是我们常说的第一阶模态、第二阶模态等，如图 7-2-2 所示。其中第一阶模态称之为基频。

在模态分析的过程中，由于无法得到每阶振型的具体数值，只能得到各阶模态振型的相对值，需要将各阶模态进行归一化处理：

$$\phi_i^T M \phi_i = 1 \quad (i = 1, 2, 3, \cdots, n) \qquad (7\text{-}2\text{-}11)$$

在模态结果常得到振型结果(位移)，振型结果只关心变形的趋势，不关心具体数值的大小，另外应力、应变结果也是无实际作用的。

7.2.3 共振现象

当激振频率与结构的固有频率接近时，结构会发生共振，此时结构的振动幅度会很大。古希腊的学者阿基米德曾豪情万丈地宣称：给我一个支点，我能撬动地球。而现代的美国发明家特斯拉更自信地说：用一件共振器，我就能把地球一分为二！可见共振有巨大的威力。

1940 年，美国的塔科马大桥(全长 860m)因大风引起的共振而塌毁，尽管当时的风速还不到设计风速限值的三分之一，如图 7-2-3 所示。

当然，共振不一定都产生破坏，也能把共振应用在

图 7-2-3 塔科马大桥振动

我们的生产工作中。

钢琴、提琴、二胡等乐器的木质琴身，就是利用共振现象使其成为共鸣箱，将悦耳的音乐发送出去，以提高音响效果。

食物中水分子的振动频率与微波频率(2500Hz)大致相同。微波炉加热食品时，炉内产生很强的振荡电磁场，使食物中的水分子受迫振动，发生共振，将电磁辐射能转化为热能，从而使食物的温度迅速升高。

7.3 在 MeshFree 中进行普通模态分析

7.3.1 模态分析流程

图 7-3-1 所示为在 MeshFree 中进行模态分析的流程。

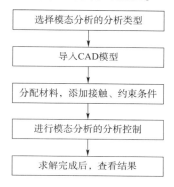

图 7-3-1 模态分析流程图

由图可以看出，普通模态分析的过程非常简单，因为其中不需要添加荷载。

7.3.2 模态分析条件

图 7-3-2 所示是进行模态分析时的主菜单界面。

图 7-3-2 模态分析主界面

分析条件步骤菜单中各个功能的解释可以参见第 1 章 1.6 节以及第 2 章 2.5.3 节。

7.3.3 模态分析控制

图 7-3-3 所示是进行模态分析时有关分析控制的界面。
在分析控制界面，主要设置模态数量提取、写入模态结果和输出结果选项。

（1）模态数量提取

模态提取方法：Lanczos。

用户需指定感兴趣的固有频率数量，程序默认提取前 10 阶。

提取模态数量可通过两种方式指定：①前 n 阶固有频率；②选定频率范围内的前 n 阶固有频率。

 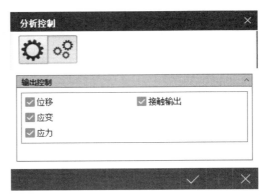

图 7-3-3　分析控制界面

(2) 写入模态结果

当需要在模态分析之后进行线性动力学分析时,一般需要勾选"写入模态结果作为重启动文件",因为基于模态叠加法的线性动力学分析是基于模态分析的结果来计算的。

(3) 模态结果输出

通常来说应变和应力是我们不关心的量,计算时无须输出。

7.3.4　模态分析结果

1) 下拉菜单结果

模态分析提供以下分析结果用于查看云图,如图 7-3-4 所示。

位移:总位移。

应力:von Mises 应力、正应力(σ_{XX}、σ_{YY}、σ_{ZZ})、切应力(τ_{XY}、τ_{YZ}、τ_{ZX})。

应变:von Mises 应变、正应变(ε_{XX}、ε_{YY}、ε_{ZZ})、切应变(ε_{XY}、ε_{YZ}、ε_{ZX})。

接触:焊接接触区域。

通常只关注位移的云图和动画,实际表示了模态的振型。对于位移,一般不关心位移的具体大小,只关心趋势。

图 7-3-4　模态分析结果

2) 模态分析结果步骤菜单

图 7-3-5 为模态分析结果步骤菜单。

图 7-3-5　模态分析结果步骤菜单

下面主要说明模态表格和频率响应评价。

(1) 模态表格

通过模态表格,我们可以详细查看结构的各动力学特性结果,如圆周频率、固有频率、固有周期、模态有效质量百分比。图 7-3-6 为模态分析结果表格。

模态表格								
实特征值								
模态数量	特征值	圆周频率	自然频率	周期	广义质量	广义刚度	正交损失	误差估计
1	4.3849e+005	6.6218e+002	1.0539e+002	9.4886e-003	1.0000e+000	4.3849e+005	0.0000e+000	1.1684e-006
2	2.9019e+006	1.7035e+003	2.7112e+002	3.6884e-003	1.0000e+000	2.9019e+006	0.0000e+000	5.0929e-007
3	2.0171e+007	4.4912e+003	7.1479e+002	1.3990e-003	1.0000e+000	2.0171e+007	0.0000e+000	1.2893e-008
模态有效质量								
模态数量	T1	T2	T3	R1	R2	R3		
1	0.0000e+000	0.0000e+000	4.9819e-004	7.3831e-001	2.1683e+000	0.0000e+000		
2	1.4186e-004	3.5672e-004	0.0000e+000	0.0000e+000	0.0000e+000	2.8954e+000		
3	0.0000e+000	0.0000e+000	2.9843e-005	2.5397e-001	2.5800e-003	1.2925e-012		
总和	1.4186e-004	3.5672e-004	5.2803e-004	9.9228e-001	2.1709e+000	2.8954e+000		
整个模型总和	8.9795e-004	8.9795e-004	8.9795e-004	1.8485e+000	5.2914e+000	6.9088e+000		
模态有效质量百分比								
模态数量	T1	T2	T3	R1	R2	R3		
1	0.00%	0.00%	55.48%	39.94%	40.98%	0.00%		
2	15.80%	39.73%	0.00%	0.00%	0.00%	41.91%		
3	0.00%	0.00%	3.32%	13.74%	0.05%	0.00%		
总和	15.80%	39.73%	58.80%	53.68%	41.03%	41.91%		

图 7-3-6 模态分析结果表格

该表格包括实特征值、模态有效质量、模态有效质量百分比三项。

①实特征值

实特征值包括特征值、圆周频率、固有频率(自然频率)、周期、广义质量、广义刚度、正交损失、误差估计。

周期 T_i、固有频率 f_i 与圆周频率 ω_i 的关系为：

$$\begin{cases} \omega_i = 2\pi f_i \\ T_i = \dfrac{1}{f_i} \end{cases} \tag{7-3-1}$$

广义质量：

$$\boldsymbol{\phi}_i^{\mathrm{T}} \boldsymbol{M} \boldsymbol{\phi}_i = 1 \quad (i = 1, 2, 3, \cdots, n) \tag{7-3-2}$$

广义刚度：

$$\boldsymbol{\phi}_i^{\mathrm{T}} \boldsymbol{K} \boldsymbol{\phi}_i = 1 \quad (i = 1, 2, 3, \cdots, n) \tag{7-3-3}$$

正交损失：

$$\boldsymbol{\delta}_i = \max\left(\frac{\boldsymbol{\phi}_{i-1}^{\mathrm{T}} \boldsymbol{K} \boldsymbol{\phi}_i}{k_i}, \frac{\boldsymbol{\phi}_{i-1}^{\mathrm{T}} \boldsymbol{K} \boldsymbol{\phi}_i}{m_i} \right) \tag{7-3-4}$$

误差估计：

$$e_i = \frac{\| \boldsymbol{K} \boldsymbol{\phi}_i - \omega_i^2 \boldsymbol{M} \boldsymbol{\phi}_i \|}{\| \boldsymbol{K} \boldsymbol{\phi}_i \|} \tag{7-3-5}$$

②模态有效质量

查看各阶模态在各个方向的参与量，以及所有模态在各个方向参与量的总和。参与量以质量表示。T_1、T_2、T_3 表示 X、Y、Z 平动方向，R_1、R_2、R_3 表示 X、Y、Z 转动方向。

③模态有效质量百分比

查看各阶模态在各个方向的参与度，以及所有模态在各个方向参与度的总和。参与度以质量百分比表示。如果使用模态叠加法进行动力分析，根据规范规定或者文献建议，需要指定模态的数量，使得 T_1、T_2、T_3 中的某个方向或者每个方向的有效质量百分比总和达到 90% 以上。

（2）频率响应评价

运用模态分析结果，可以得到当单位荷载作用于加载点时，响应点的位移、速度以及加速度响应。

模态分析能够识别系统的固有频率,但很难确定系统的位移、速度以及加速度响应。

为了定量地分析每个频带宽度或者共振频率宽度系统的行为,必须要进行频率响应分析。

频率响应评价功能可以看作是简化版本的频率响应分析功能,频率响应分析请参见第 9 章内容。

频率响应评价参数输入界面如图 7-3-7 所示。

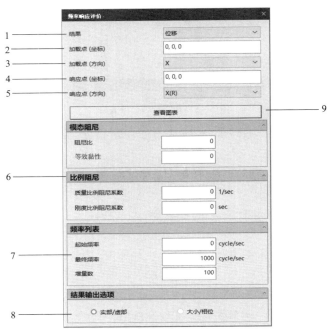

图 7-3-7　频率响应评价参数输入界面

1-选择位移响应、速度响应或者加速度响应;2-选择加载点;3-选择加载方向;4-选择响应点;5-选择响应方向和响应结果,后者可选实部(R)/虚部(I)或幅值(M)/相位(P),与结果输出选项相对应;6-阻尼输入方式;7-设置感兴趣的频率范围;8-选择结果显示方式,可选择幅值和相位;9-查看频率响应结果

阻尼输入方式包含模态阻尼和比例阻尼。输入比例阻尼比较方便,等效黏性阻尼可取阻尼比的 2 倍;比例阻尼中,质量比例阻尼和刚度比例阻尼构成瑞利阻尼。关于阻尼的说明,可参考后续章节的线性动力部分。

第8章 瞬态响应分析

瞬态响应分析是模拟结构在外部冲击、爆炸、地震等瞬时荷载作用下的响应行为。这种分析方法允许工程师评估结构的变形、应力、振动等动态特性,以确定其在复杂或不稳定加载情况下的性能和安全性。瞬态响应分析在地震工程、碰撞安全、爆炸响应、海洋工程和航空航天等领域有广泛应用,可为实现结构的可靠性提供重要支持。

8.1 瞬态响应分析概述

8.1.1 分析概念

当诸如地震波之类的干扰瞬间作用在结构上时,会使结构瞬间发生剧烈的晃动,并随时间恢复到稳定状态;再如,物体突然被加热或者冷却,物体温度会随时间快速的上升或者下降,最后达到稳定状态。当物体受到外部的突然刺激时,其最初的响应是非常不稳定的。将物体随时间的最初的响应称为瞬态响应,瞬态响应之后是稳态响应。

瞬态响应的严重程度取决于扰动的大小、持续时间以及物体的材料属性。施加到物体的扰动的幅度越大并且持续时间越短,瞬态响应的危害就越严重。

(1)瞬态响应分析(瞬态动力学分析,亦称时程分析):是用于分析结构承受任意的随时间变化荷载时动力响应的一种方法。

瞬态响应分析所需的荷载和边界条件类似静力分析,但是荷载是随时间变化的函数。

(2)输入数据:随时间变化的荷载,如位移、力、加速度、速度等。

(3)输出数据:与输入的时间函数相对应的求解结果,如位移、速度、加速度、应力和应变。

8.1.2 计算方法

瞬态响应分析(瞬态动力学分析,亦称时程分析)包含线性瞬态响应分析和非线性瞬态响应分析。线性瞬态响应分析的计算方法包括模态叠加法和直接积分法;非线性瞬态响应分析只能用直接积分法进行计算,有显式和隐式算法。

(1)直接积分法

直接积分法的特点是直接积分动力学方程,时间步长的计算非常重要,比较耗时间,但计算的准确性比较高。

(2)模态叠加法

相对于直接积分法,模态叠加法分析时间短。模态数量的选择非常重要,直接影响计算的精度。

midas MeshFree 支持线性瞬态响应分析。定义分析类型时,可选模态法(即模态叠加法)和直接法(即直接积分法)进行求解,如图 8-1-1 所示。一般地,对于规模比较小的分析,可选直接法;对于大规模的分析,推荐使用模态法。

图 8-1-1　瞬态响应分析方法

8.2　在 MeshFree 中进行瞬态响应分析

8.2.1　分析流程

使用直接法进行瞬态响应分析的流程如图 8-2-1 所示。

图 8-2-1　直接法瞬态响应分析流程

使用模态法进行瞬态响应分析的流程如图 8-2-2 所示。

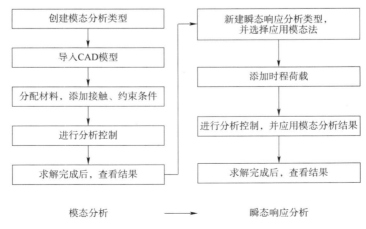

图 8-2-2　模态法瞬态响应分析流程

8.2.2 分析条件

图 8-2-3 为瞬态响应分析的分析条件步骤菜单。

图 8-2-3 瞬态响应分析的分析条件步骤菜单

瞬态响应分析的荷载施加方法和线性静力学分析一致,唯一的区别是荷载中考虑了时间效应。

如图 8-2-4 所示,以时间依存力为例,说明时间荷载的施加。

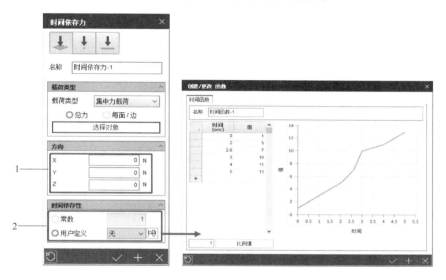

图 8-2-4 瞬态响应分析的荷载
1-荷载的基础值;2-荷载的时间依存性

荷载的时间依存性可选择常数或者定义并选择时间函数。对于时间依存荷载,最后的荷载 = 荷载的基础值 × 荷载的时间函数。

另外,对于瞬态响应分析,分析条件步骤菜单中增加了初速度荷载,如图 8-2-5 所示。初始速度荷载针对部件进行定义,v_x、v_y、v_z 是定义 3 个平动方向的速度,R_x、R_y、R_z 是定义 3 个转动方向的速度,同时可以定义转动中心。

8.2.3 阻尼

阻尼反映了结构内部的能量耗散能力。由于阻尼的存在,机械能会转化为内能,使得结构的振动逐渐减弱。结构的阻尼机理很复杂,到目前为止还没有完全统一的公论。对应不同机理的阻尼模型也有很多,且在不断发展研究之中。阻尼产生的机理有:黏性效应(如黏性阻尼器、振动减振器)、内摩擦(取决于不同的材料特性)、结

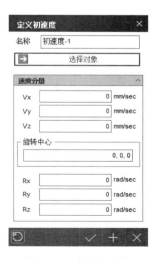

图 8-2-5 定义初速度

构非线性(如塑性效应)以及外摩擦(如结构连接处的相对滑动)。

1)阻尼的分类

根据阻尼产生的机理,阻尼一般可分为黏性阻尼、材料阻尼和摩擦阻尼。

(1)黏性阻尼

工程结构常常与流体介质耦连,如桥梁与河水、空气等接触,而大部分流体都具有黏滞性,在运动过程中耗散能量,因此称为黏性阻尼,其阻尼力一般与速度成正比。

(2)材料阻尼(结构阻尼)

所有材料都存在材料阻尼,但其损耗因子值差别很大,如金属材料的损耗因子很小,黏弹性材料的损耗因子很大,可相差 10^4 倍甚至更多。结构阻尼力与位移成正比,与速度同向。

(3)摩擦阻尼

构件表面接触并承受荷载时能够产生接合面阻尼或库仑摩擦阻尼。接合面阻尼由微观变形产生,库仑摩擦阻尼则由接合面之间的相对运动的干摩擦耗能所产生,一般库仑摩擦阻尼要远大于接合面阻尼。动力学分析中一般不考虑摩擦阻尼。

2)阻尼模型

MeshFree 提供黏性阻尼、结构阻尼、模态阻尼、瑞利(Rayleigh)阻尼四种阻尼模型,其中模态阻尼和瑞利阻尼可归为黏性阻尼或结构阻尼。

(1)黏性阻尼

黏性阻尼的阻尼力与质点的相对速度成正比,方向与速度方向相反。黏性阻尼系数的单位是 N/(m·s)。MeshFree 中定义的弹簧阻尼属于黏性阻尼,如图 8-2-6 所示。

图 8-2-6 定义弹簧/阻尼连接界面

1-面连接方式;2-接地连接方式,包含面-面连接或者点-点连接,当勾选接地连接后,变成面-地连接或者点-地连接;3-沿着弹簧方向为弹簧单元 X 轴方向,通过输入向量坐标定义弹簧 Y 轴方向,根据右手螺旋,确定弹簧单元坐标系;4-输入 3 个平动方向和 3 个转动方向的阻尼,1、2、3 表示 X、Y、Z 平动方向,4、5、6 表示绕 X、Y、Z 转动方向;5-点连接方式黏性阻尼也可以表达为阻尼比。体系的黏性阻尼系数 C 与体系的临界阻尼系数 C_C 之比称为阻尼比 ξ。

$$\xi = \frac{C}{C_C} = \frac{C}{2m\omega} \qquad (8\text{-}2\text{-}1)$$

式中：m——体系的质量；

ω——体系的无阻尼自振圆周频率。

任何一个振动系统,当阻尼增加到一定程度时,物体的运动是非周期性的,物体的振动连一次都不能完成,只能慢慢回到平衡位置就停止了。当阻尼使振动物体刚好不能做周期性运动,而又能最快得回到平衡位置时,称为"临界阻尼"。

如果阻尼再增大,系统则需要较长时间才能回到平衡位置,这样的运动称为过阻尼状态,此时 $\xi>1$；系统如果所受阻力较小,则需要振动很多次,而振幅则逐渐减小,最终才达到平衡位置,这称作欠阻尼状态,此时 $\xi<1$。如图 8-2-7 所示为不同阻尼状态下的振动位移 x-时间 t 曲线。

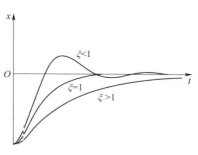

图 3-2-7　不同阻尼状态下的振动曲线

（2）结构阻尼

结构阻尼是由阻尼系数和主频率定义的衰减,主要用于直接方法,结构阻尼分为系统的结构阻尼 η 和材料的结构阻尼 β,如图 8-2-8 所示。

a) 系统的结构阻尼

b) 材料的结构阻尼

图 8-2-8　MeshFree 中的结构阻尼

通常,系统的结构阻尼 η 是阻尼比的两倍,控制频率等于激励的频率。如果工作负载不是周期性的,则可以使用最小固有频率作为控制频率。

$$\eta = 2\xi \qquad (8\text{-}2\text{-}2)$$

材料的结构阻尼 β 的定义如式（8-2-3）所示。

$$\beta = \frac{1}{2\pi} \cdot \frac{\Delta W}{W} \qquad (8\text{-}2\text{-}3)$$

式中：ΔW——材料在一个周期内耗散的能量；

W——最大应变能。

(3) 模态阻尼

模态方法中使用的阻尼作为模态阻尼函数，该函数定义结构的固有频率和该频率下的阻尼系数。

模态阻尼可以通过常数、频率依存、模态数量3种方式输入，如图8-2-9所示。

图 8-2-9 模态阻尼

模态阻尼可以通过等效阻尼 η、模态阻尼比 ξ、共振点动力放大系数 Q 3 种模型来定义。等效阻尼和共振点动力放大系数与模态阻尼比之间的关系如式(8-2-4)所示。

$$\begin{cases} \eta = 2\xi \\ Q = \dfrac{1}{2\xi} \end{cases} \qquad (8\text{-}2\text{-}4)$$

(4) 瑞利 (Rayleigh) 阻尼

瑞利阻尼由一个阻尼矩阵组成，该阻尼矩阵由质量矩阵 (Mass Matrix) 和结构刚度矩阵 (Stiffness Matrix) 的线性组合构成，可以表示如下：

$$\boldsymbol{C} = \alpha \boldsymbol{M} + \beta \boldsymbol{K} \qquad (8\text{-}2\text{-}5)$$

式中：α——质量比例阻尼，简称"α 阻尼"；

β——刚度比例阻尼，简称"β 阻尼"。

定义材料时，可输入 α 和 β 的值，如图 8-2-10 所示。

通常 α 和 β 并非已知，需要通过模态阻尼比计算获得。任意一阶的模态阻尼比 ξ_i、自振圆周频率 ω_i 满足下式：

$$\xi_i = \frac{1}{2}\left(\frac{\alpha}{\omega_i} + \beta \omega_i\right) \qquad (8\text{-}2\text{-}6)$$

模态阻尼比 ξ_i 可由试验获得，通常假定各阶模态的阻尼比相同，即 $\xi_i = \xi_j = \xi$。

第8章 瞬态响应分析

图 8-2-10 定义材料的瑞利阻尼界面

质量比例阻尼 α 是黏性阻尼的一种表示形式,并假设阻尼矩阵与质量成比例。当黏性阻尼占主导地位时,例如水下设备或易受风阻的物体,可使用它。如果忽略 β 阻尼(刚度比例阻尼),则可以基于给定的阻尼比和频率值,使用以下公式计算 α 值。

$$\begin{cases} \xi = \dfrac{\alpha}{2\omega_i} \\ C = \alpha M = 2\xi\omega_i M \end{cases} \quad (8\text{-}2\text{-}7)$$

β 阻尼(刚度比例阻尼)称为结构阻尼或弹性阻尼,如果忽略 α 阻尼(质量比例阻尼),则可以根据给定的阻尼比和频率值使用以下公式计算 β 值。

$$\begin{cases} \xi = \dfrac{\beta\omega}{2} \\ C = \beta K = \dfrac{2\xi}{\omega} K \end{cases} \quad (8\text{-}2\text{-}8)$$

执行瞬态响应分析时,通过选择质量比例阻尼或刚度比例阻尼而不是使用质量比例阻尼和刚度比例阻尼的线性组合来进行分析。通常,当使用刚度比例阻尼时,分析时间会增加,因此使用质量比例阻尼进行分析是有利的。

8.2.4 分析控制

对于瞬态响应分析,必须通过分析控制定义时间步。另外,可通过分析控制定义阻尼,当然,在定义材料时也可以定义阻尼,定义的各种阻尼是叠加关系。在瞬态响应分析工况中,双击"分析控制",如图 8-2-11 所示,即可进入分析控制定义界面。

1)直接法的分析控制

直接法的分析控制界面如图 8-2-12 所示。

(1)时间步长定义

可以定义多个时间步,多个时间步之间是连续的关系。如第

图 8-2-11 双击"分析控制"

1个时间步持续时间0.2s,第2个时间步持续时间0.1s,由于第2个时间步是接续前一个时间步的,故总时间是0.3s。

图 8-2-12 直接法分析控制界面

①持续总时间 T:确定计算的时间非常重要,至少大于最低阶模态周期。例如,最低阶模态频率0.2Hz,那么计算时间至少是5s。

②时间步数 N:把总时间分成的份数。

③时间步长/积分时间间隔/时间增量 $\Delta t = T/N$。不同类型荷载会在结构中激发不同的自然频率,积分时间间隔应足够小到能获取所关心的最高响应频率 f_{max}。理想情况下,每个循环中有20个时间点应该是足够的,即 $\Delta t = 1/(20f_{max})$。

实际应用中要求 $\Delta t < 1/(4f_{max})$,因此 $N > 4Tf_{max}$。

(2)阻尼的定义

使用直接法进行瞬态响应分析,一般使用结构阻尼,阻尼的含义参考7.3.3节。

2)模态法的分析控制

模态法的分析控制界面如图8-2-13所示。

(1)模态

如果使用模态叠加法进行动力分析,根据规范规定或者文献建议,需要指定模态的数量,使得模态表格中 T_1、T_2、T_3 三个平动方向(即 X、Y、Z 三个方向)中的某个方向或者每个方向的有效质量百分比总和达到规定值(例如90%)以上。如图8-2-14的模态表格所示,在 T_2、T_3 两个方向上,模态有效质量百分比总和均已达到90%以上。因此,建议先单独定义模态分析工况进行模态分析,确定满足要求的模态数量,并在模态分析的分析工况中勾选"写入模态结果作为重启动文件",前文7.3.3节亦有说明。最后,在模态法瞬态响应分析的分析控制中,勾

图 8-2-13 模态法分析控制界面

选"导入模态的重启动文件",并选择相应的文件。

模态数量	T1	T2	T3	R1	R2	R3
1	0.00%	0.00%	61.10%	0.00%	37.90%	0.00%
2	0.00%	61.29%	0.00%	0.00%	0.00%	37.67%
3	0.00%	0.00%	18.92%	0.00%	18.88%	0.00%
4	0.00%	0.00%	0.00%	78.05%	0.00%	0.00%
5	0.00%	0.00%	6.57%	0.00%	10.84%	0.00%
6	0.00%	20.32%	0.00%	0.00%	0.00%	21.24%
7	0.00%	0.00%	0.00%	9.02%	0.00%	0.00%
8	0.00%	0.00%	3.39%	0.00%	6.78%	0.00%
9	80.78%	0.00%	0.00%	0.00%	0.00%	0.00%
10	0.00%	0.00%	0.00%	3.47%	0.00%	0.00%
11	0.00%	0.00%	2.07%	0.00%	4.58%	0.00%
12	0.00%	7.04%	0.00%	0.00%	0.00%	12.20%
13	0.00%	0.00%	0.00%	1.92%	0.00%	0.00%
14	0.00%	0.00%	1.40%	0.00%	3.29%	0.00%
15	0.00%	0.00%	0.00%	1.26%	0.00%	0.00%
16	0.00%	3.56%	0.00%	0.00%	0.00%	7.64%
17	0.00%	0.00%	1.01%	0.00%	2.47%	0.00%
18	8.94%	0.00%	0.00%	0.00%	0.00%	0.00%
19	0.00%	0.00%	0.00%	0.91%	0.00%	0.00%
20	0.00%	0.00%	0.69%	0.00%	1.73%	0.00%
总和	89.72%	92.20%	95.15%	94.63%	86.47%	78.76%

图 8-2-14　模态表格

(2)阻尼定义

用模态法进行瞬态响应分析,一般使用模态阻尼,阻尼的含义参考 7.3.3 节。

(3)时间步骤定义

与直接法瞬态响应分析定义相同,参考上文。

8.2.5　分析结果

瞬态响应分析输出的结果包含随时间变化的位移、速度、加速度、应力和应变等。

1)输出控制

在分析控制界面,可切换到输出控制,如图 8-2-15 所示。输出选项包含位移、速度、加速度、应力和应变,另外还可以输出模态结果。特别地,对于位移、速度和加速度,有绝对值结果、相对值结果,选择"两者都是"表示既输出绝对值结果,又输出相对值结果。在瞬态响应分析中,可以对基座(可以理解为约束部位)施加位移、速度和加速度,因此绝对值结果由相对值结果和基座结果叠加而成,是矢量和。

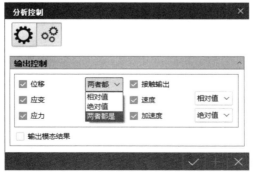

图 8-2-15　输出控制

2) 下拉菜单结果

在下拉菜单结果中(图 8-2-16),可以看到某一时刻位移、速度和加速度的绝对值和相对值结果。另外,还有 von Mises 应力和应变、正应力和正应变、切应力和切应变结果。

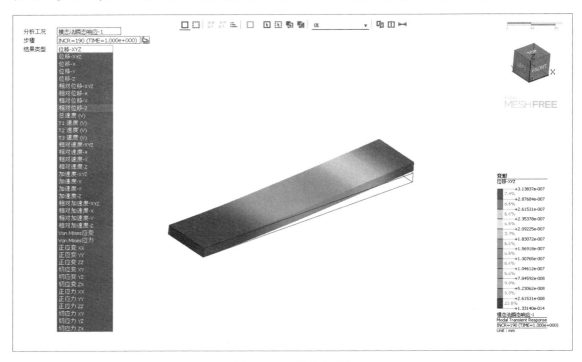

图 8-2-16　下拉菜单结果

(1) 位移、速度和加速度

位移结果的各项含义可以参考第 2.5.4 节;绝对值位移结果等于相对值位移结果和基座位移结果叠加而成,是矢量和。

速度和加速度结果可通过位移结果进行类比计算,不再赘述。

(2) 应力和应变

应力和应变结果亦可参考第 2 章 2.5.4 节的说明。

3) 时间结果曲线和表格

分析结果步骤菜单如图 8-2-17 所示。

图 8-2-17　分析结果步骤菜单

首先,在下拉菜单中选择要显示的结果,如图 8-2-18 中显示的是绝对值位移-XYZ 结果;其次点击图 8-2-16 中的"点值";再次,在模型上选取位置点或直接输入坐标;最后勾选"所有步骤"(也可以勾选所需步骤)并点击"多步骤结果图"(图 8-2-18)或"多步骤结果表格"(图 8-2-19),显示"时间曲线图"或"时间结果表格"。

第8章 瞬态响应分析

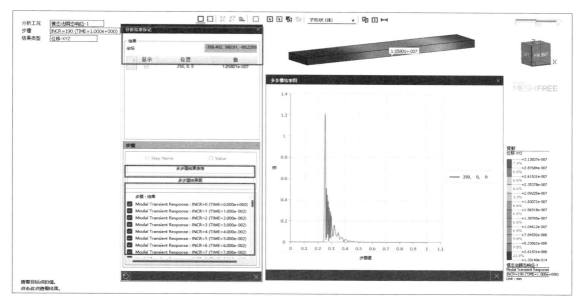

图 8-2-18　多步骤结果图

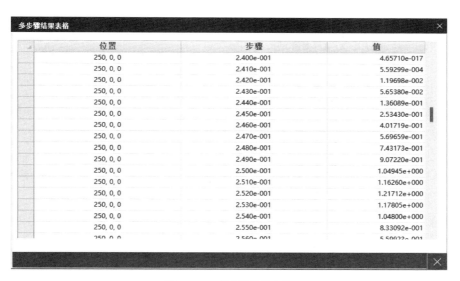

图 8-2-19　多步骤结果表格

第9章 频率响应分析

我们知道,当外力作用频率与系统的固有频率接近或相同时,系统的振幅可能会出现明显增加的现象,也就是共振。结构发生共振时,振幅和噪声都会变大,最终可能会造成结构的破坏。

通常情况下,通过更改结构设计的方式,使得结构的固有频率避开荷载频率,从而避免共振。但有时不一定需要通过更改结构设计来避免共振,因为并不是激励频率等于或接近固有频率时,就会发生共振。实际上,要发生共振,除了需要激励频率接近固有频率,还需要激励的方向接近固有振型的方向。所以,即使激励频率接近固有频率,也不一定发生共振。那么如何判断会不会发生共振呢?此时就需要借助频率响应分析。尤其是当激励频率是一个范围时,频率响应分析作用尤为突出。所以我们又称频率响应分析为"扫频分析"或"谐响应分析"。

9.1 频率响应分析概述

9.1.1 基本概念

频率响应分析是一种确定线性结构在不同频率下承受一个或多个(相同频率,指不同频率下的每个频率点)简谐荷载作用下系统稳态响应的技术。它只计算稳态受迫振动,不计算激励开始时的瞬态振动。

例如,旋转机械和螺旋桨叶片所受的荷载就是典型的正弦荷载。与在时域中进行的瞬态响应分析不同,频率响应分析是在频域中执行计算。

频率响应分析是一种线性分析,任何非线性即使定义也会被忽略。

1)频率响应分析的输入

输入多个已知幅值、相位和频率的简谐荷载(力、压力、位移、速度、加速度),如图9-1-1所示。图9-1-1a)中,三个简谐荷载的相位和频率相同,但幅值不同;图9-1-1b)中,三个简谐荷载的频率和幅值相同,但相位不同;图9-1-1c)中,三个简谐荷载的相位和幅值相同,但频率不同。

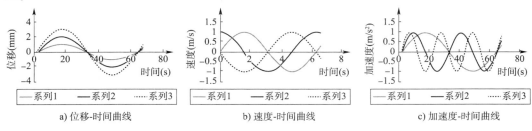

a) 位移-时间曲线　　b) 速度-时间曲线　　c) 加速度-时间曲线

图9-1-1　简谐荷载示意图

2)频率响应分析的输出

(1)每个自由度的谐位移,通常和施加的荷载不同相。

(2)其他多种导出量,例如总位移、应力和应变等。

9.1.2 计算方法

MeshFree 提供直接法(即直接积分法)、模态法(即模态叠加法)两种方法进行频率响应分析,如图9-1-2 所示。

(1)直接法

直接法适用于小模型,激励频率比较少,有高频激励的情况,计算精度比较高。

(2)模态法

模态数量的选择非常重要,直接影响计算的精度。该方法适用于大模型、激励频率比较多的情况。

9.1.3 分析的作用

通过频率响应分析,可以定量地表达设计产品对每个频率的响应,能清楚地看到每个频率荷载下结构的变形。例如,在汽车设计中,发动机转速(转数可以转换为频率)发生变化时,从正常空转状态逐渐增加转速,安装在车辆中的很多部件随着频率的变化呈现出各种动态响应。

图9-1-3 为频率位移曲线,从图中可明显地看出:在一定的激励频率下,位移很大;而在其他激励频率下,位移较小。

图9-1-2 选择分析方法

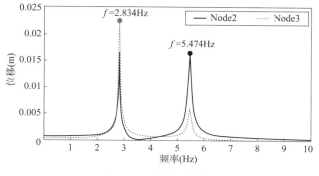

图9-1-3 频率位移曲线

通过频率响应分析可以得出以下结论:

(1)确定主要频率(对结构影响最大的频率),确定结构响应最敏感的频率范围。

(2)确定结构与外荷载的共振状态。

(3)改变外荷载作用频率或者通过更改结构来改变结构固有频率,进而控制结构振动。以下是基于频响结果的振动控制措施。

1)改变固有频率

通过改变固有频率,可防止系统在工作频率内发生共振,确保系统的最大振动值在允许范围内。通过更改系统,来改变系统的质量和刚度,从而改变系统的固有频率。在图9-1-4a)中,系统的质量发生了变化,增加了质量 M'。在图9-1-4b)中,实线为原系统的位移-频率响应曲线,由于激励荷载频率 f_e 等于系统的固有频率 f_n,系统发生共振,振动位移达到最大值 X_e;虚线为质量增加后系统的位移-频率曲线,此时系统的固有频率变成了 f',在激励荷载频率 f_e 作用下,振动位移值变为较小的 X'_e,避免了共振。

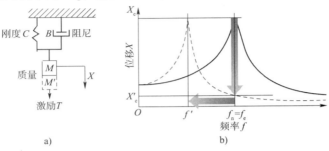

图9-1-4 改变系统质量

B-系统阻尼;C-系统刚度;M-系统质量;M'-增加的系统质量;X-系统位移;T-激励荷载;f_n-系统固有频率;f_e-激励荷载频率;f'-质量增加后系统的固有频率;X_e-激励荷载频率 f_e 对应的原系统位移,为最大位移;X'_e-激励荷载频率 f_e 对应的质量增加后的系统位移

2)附加动态吸振器

附加动态吸振器是附加质量-弹性系统(附加振动系统)的一种方法。通过附加振动系统,改变固有频率点,从而可以减小响应幅度。在图9-1-5a)中,在原先的质量-阻尼-弹簧(M-B-C)单自由度振动系统上,附加了新的质量-阻尼-弹簧(M'-B'-C')单自由度振动系统。在图9-1-5b)中,实线为原系统的位移-频率响应曲线,由于激励荷载频率 f_e 等于系统的固有频率 f_n,系统发生共振,振动位移达到最大值 X_e;虚线为附加振动系统后的位移-频率曲线,此时系统的固有频率变成了 f_{1n} 和 f_{2n},在激励荷载频率 f_e 作用下,振动位移值变为较小的 X'_e,避免了共振。

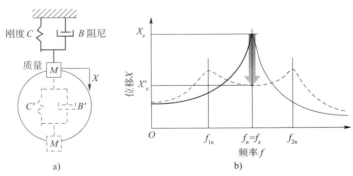

图9-1-5 附加动态吸振器

f_{1n}、f_{2n}-更改后系统固有频率

3)增加阻尼

系统共振时对阻尼最为敏感,通过增加阻尼可降低发生共振时的振幅,但此时系统的无阻尼固有频率保持不变。与修改前相比,系统的振幅小幅下降。在图9-1-6a)中,系统的阻尼发生了变化,增加了阻尼 B'。在图9-1-6b)中,实线为原系统的位移-频率响应曲线,由于激励荷载频率 f_e 等于系统的固有频率 f_n,系统发生共振,振动位移达到最大值 X_e;虚线为增加阻尼后系

统的位移-频率曲线,此时由于系统的阻尼增加,在激励频率f_e作用下,振动位移值下降至X'_e。

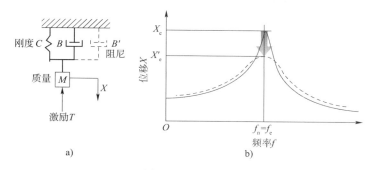

图 9-1-6　增加阻尼

9.2　在 MeshFree 中进行频率响应分析

9.2.1　分析流程

(1) 直接法频率响应分析流程如图 9-2-1 所示。
(2) 模态法频率响应分析流程如图 9-2-2 所示。

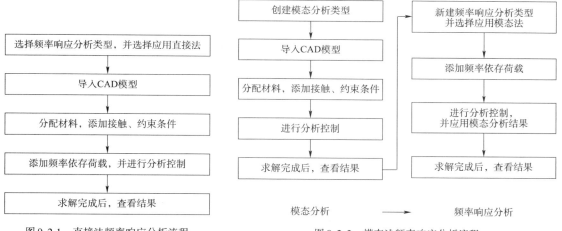

图 9-2-1　直接法频率响应分析流程　　　　图 9-2-2　模态法频率响应分析流程

由图可以看出,模态法的频率响应需要基于模态分析进行。

9.2.2　分析条件

频率响应分析的荷载施加方法和线性静力学分析一致,主要区别为前者施加的是频率荷载,包含频率依存力、频率依存压力、频率依存位移、频率依存速度以及频率依存加速度。频率响应分析条件菜单如图 9-2-3 所示。

图 9-2-3　频率响应分析条件菜单

需要注意的是,频率响应分析中的荷载都是简谐荷载,如正弦荷载、余弦荷载。以频率依存力荷载定义为例进行说明,其余频率依存荷载定义类似。如图9-2-4所示是频率依存力定义对话框,该对话框主要定义简谐荷载的"幅值"和"相位",其频率变化范围在分析控制中定义。

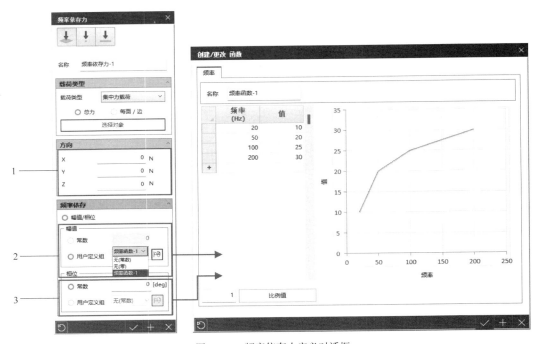

图9-2-4 频率依存力定义对话框

1-荷载幅值基础值;2-定义幅值,可选择常数或者用户定义组数据,用户定义组数据包含自定义幅值的频率函数;3-定义相位,可选择常数或者用户自定义组数据,用户定义组数据包含自定义相位的频率函数

对于频率依存荷载,最后的幅值 = 荷载幅值基础值 × 常数(或用户定义组数据)。在用户定义组中,有"无(常数)""无(零)"和"自定义幅值的频率函数"三种选项,选择"无(常数)"相当于输入常数值1,选择"无(零)"即是0。

最后的相位 = 常数或者用户定义组数据。在用户定义组中,有"无(常数)""无(零)"和"自定义相位的频率函数"三种选项,选择"无(常数)"和"选择无(零)"均为0。

9.2.3 分析控制

在分析控制中必须定义简谐荷载的频率变化范围,另外还需要定义阻尼以及针对模态法的相关定义。

1) 模态法分析控制

模态法分析控制界面如图9-2-5所示。阻尼的定义参见8.2.3节,模态的设置参见8.2.4节,频率集的定义参见9.2.4节。

2) 直接法的分析控制

直接法分析控制界面如图9-2-6所示。阻尼的定义参见8.2.3节,频率集的定义参见9.2.4节。

图 9-2-5　模态法分析控制界面

图 9-2-6　直接法分析控制界面

9.2.4　频率集定义

频率集的定义是频率响应分析中至关重要的一环。我们知道,前面添加频率依存荷载的时候,定义了简谐荷载的幅值和相位,这一部分将定义简谐荷载的频率变化范围,这也是频率响应分析又被称为"扫频分析"的原因。

MeshFree 提供离散(Discrete)、线性(Linear)、对数(Logarithmic)、集中(Cluster)4 种频率集的定义方式,也可以组合使用。

(1)离散(Discrete)

自定义任何关心的频率,例如固有频率点,以输入的频率输出结果。通常结合其他方法使用。离散方法定义示意图如图 9-2-7 所示。离散方法定义对话框如图 9-2-8 所示。

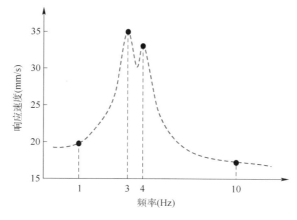

图 9-2-7　离散方法定义示意图

图 9-2-8　离散方法定义对话框

1-选择离散方法;2-在该方法中添加离散的频率点,并可以进行修改或删除;3-添加完离散的频率点,需要点击"添加",将该方法的具体信息添加到最下方的列表,同时可以修改或删除

(2)线性(Linear)

频率在目标范围内线性增加,但固有频率可能被忽略,需要结合其他定义方法,考虑固有频率点。线性定义方法示意图如图 9-2-9 所示。线性方法定义界面如图 9-2-10 所示。

在图 9-2-10 所示界面中,需要输入起始频率、频率增量和增量步数。例如,图中这三者分别输入 2Hz、2Hz 和 10,计算完成后,输出的频率点为 $(2+2N)$,$N=0,1,2,\cdots,10$,一共 11 个点。

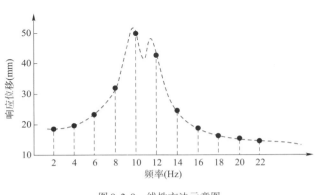

图 9-2-9　线性方法示意图

图 9-2-10　线性方法定义界面

(3)对数(Logarithmic)

频率在目标范围内,按照等比数列增加,但固有频率点可能被忽略。该方法适用于整个工作频率范围很宽,在起始频率附近密集,随后比较稀疏的情况。对数定义方法示意图如图 9-2-11 所示。对数方法定义界面如图 9-2-12 所示。

第9章 频率响应分析

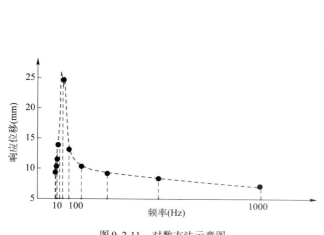

图 9-2-11 对数方法示意图　　　　图 9-2-12 对数方法定义界面

在图 9-2-12 所示对话框中,需要输入起始频率 F_1、最后频率 F_2 和间隔数 N,最后输出 $(N+1)$ 个频率点,按等比数列排列,公比为 $(F_2/F_1)^{\frac{1}{N}}$。

(4) 集中(Cluster)

该方法只适用于模态法频率响应分析,先将固有频率作为目标频率点,然后在起始频率和固有频率之间(子区间)、固有频率之间(子区间)、固有频率和终止频率之间(子区间),用对数或者线性方法定义频率。集中方法定义示意图如图 9-2-13 所示,图中 ω_{n1}、ω_{n2} 为固有频率点。集中方法定义界面如图 9-2-14 所示。

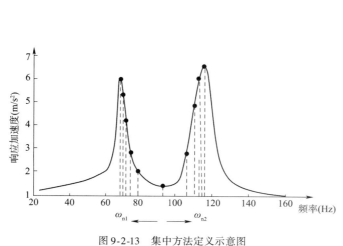

图 9-2-13 集中方法定义示意图　　　　图 9-2-14 集中方法定义界面

在图 9-2-14 所示界面框中,需要输入起始频率 F_1、终止频率 F_2、插值类型、点数 NEF 以及集中(偏差因子)。集中(偏差因子)定义子区间频率点的疏密程度,集中(偏差因子)为 1 时为等间距;集中(偏差因子)大于 1 时,首尾比较密;集中(偏差因子)小于 1 时,中间部位比较密。

如果插值类型选择线性方法,子区间频率点分布应满足下式:

$$f_k = \frac{1}{2}(f_1+f_2) + \frac{1}{2}(f_2-f_1)|\xi|^{\frac{1}{\text{cluster}}}\text{SIGN}(\xi) \quad (9\text{-}2\text{-}1)$$

如果插值类型选择对数方法，子区间频率点分布应满足下式：

$$\lg(f_k) = \frac{1}{2}[\lg(f_2)+\lg(f_1)] + \frac{1}{2}[\lg(f_2)-\lg(f_1)]|\xi|^{\frac{1}{\text{cluster}}}\text{SIGN}(\xi) \quad (9\text{-}2\text{-}2)$$

其中，

$$\xi = -1 + \frac{2(k-1)}{\text{NEF}-1} \quad (9\text{-}2\text{-}3)$$

以上式中：f_1——子区间起始频率；

f_2——子区间终止频率；

f_k——子区间第 k 个频率点；

NEF——子区间频率点数；

k——正整数，$k=1,2,3,4,\cdots,\text{NEF}$；

ξ——参数坐标，$\xi = -1 \sim 1$；

SIGN(ξ)——符号函数，若 $\xi>0$，SIGN(ξ)=1；若 $\xi=0$，SIGN(ξ)=0；若 $\xi<0$，SIGN(ξ)=-1；

cluster——集中（偏差因子）。

9.2.5 分析结果

频率响应分析输出的结果包含随频率变化的位移、速度、加速度、应力和应变等。

1）输出控制

在分析控制界面，可切换到输出控制界面，如图 9-2-15 所示。输出选项包含位移、速度、加速度、应力和应变，另外还可以输出模态结果。特别地，对于位移、速度和加速度，输出结果有绝对值、相对值，选择"两者都是"表示既输出绝对值结果，又输出相对值结果。与瞬态响应分析类似，在频率响应分析中，可以对基座（可以理解为约束部位）施加位移、速度和加速度，因此绝对值结果由相对值结果和基座结果叠加而成，是矢量和。

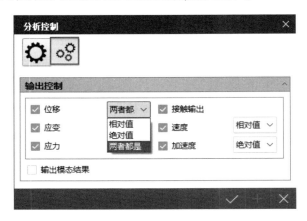

图 9-2-15 输出控制界面

2）下拉菜单结果

在下拉菜单结果中（图 9-2-16），可以看到某一频率下的位移、速度和加速度的绝对值和相对值结果。另外,还有 von Mises 应力和应变、正应力和正应变、切应力和切应变结果。

(1)位移、速度和加速度

位移结果的各项含义可以参考第 2 章 2.5.4 节,绝对值位移结果等于相对值位移结果和基座位移结果叠加而成,是矢量和,见上文的说明。

速度和加速度结果可通过位移结果进行类比计算,不再赘述。

(2)应力和应变

应力和应变结果亦可参考第 2 章 2.5.4 节的说明。

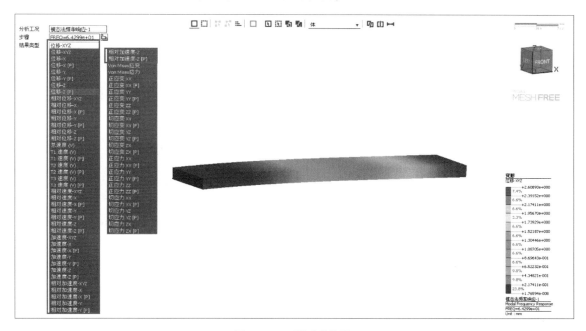

图 9-2-16　下拉菜单结果

3)频率结果和频率结果曲线

分析结果步骤菜单如图 9-2-17 所示。

图 9-2-17　分析结果步骤菜单

(1)频率结果

点击图 9-2-17 所示分析结果步骤菜单中的"频率结果";其次,在模型上选取位置点或直接输入坐标;再次,选择要显示的结果;最后,勾选"所有步骤"(也可以勾选"所需步骤")并点击"显示表格",显示某位置每个输出频率点的幅值和相位。输出频率结果如图 9-2-18 所示。

(2)频率结果曲线

用分析结果步骤菜单中的"点值"功能,可以绘制频率结果曲线,具体操作流程可参考 8.2.5 节瞬态响应分析时间结果曲线的绘制方法。

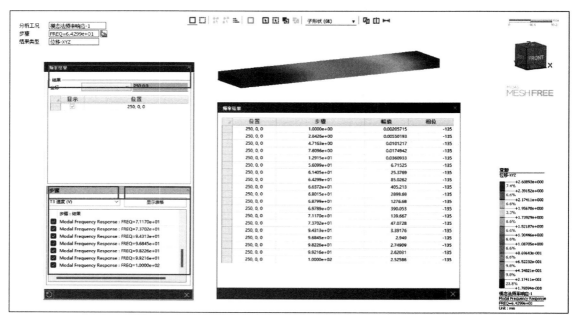

图 9-2-18　频率结果

第 10 章 反应谱分析

反应谱分析主要是用来替代瞬态响应分析求得结构在动力荷载作用下的峰值响应,它不关心峰值响应出现的时间点,并且忽略了相位,因此这种计算方法非常快速和便捷,但是结果偏保守。该分析最常见的是用于帮助工程师预测结构在地震时的行为,并指导设计以确保结构的安全性。

10.1 反应谱分析概述

10.1.1 反应谱分析概念

在实际中,经常遇到地震、风载、波浪荷载等,这些荷载作用可能导致房屋、桥梁、起重机、立体车库、大型游乐设备等大型结构破坏倒塌,如图 10-1-1 所示。

图 10-1-1 地震造成破坏的例子

对于这些实际问题,我们通常只为了寻找荷载作用下结构的最大响应值,而不关心最大响应值出现的时间点。

首先想到的方法是利用瞬态响应分析得到结构在各种时程荷载下的响应情况,其优点是计算精度较高;缺点是计算时间较长,计算资源消耗很大。因此我们需要寻找一种可以替代的方法,那就是反应谱分析。

反应谱分析是瞬态响应分析的一种近似分析,用于大致地确定结构在时程荷载作用下的最大响应。与传统的瞬态响应分析相比,反应谱分析计算比较简单,效率比较高;缺点是结果偏于保守。在航空领域,用于预测飞机受冲击荷载时飞机内每台设备的最大响应。在建筑领域,用于预测地震中建筑物各部分的最大响应,它是抗震设计中最常用的分析方法。

反应谱分析的基本思想是将模态分析的结果与已知地震谱联系起来求解系统的位移和应力(具体计算原理见第 10.2 节)。其具体分析流程为:先通过模态分析求得前 n 阶模态的频率、周期、振型以及振型参与系数,另外,前 n 阶模态对应 n 个等效的单自由度系统;然后利用已知的反应谱数据(反应谱数据生成过程见第 10.1.2 节,程序中可以选择各国家和地区的反应谱数据),求出每一个单自由度系统的最大响应值;最后将每个单自由度的最大响应值进行组合(组合方法见第 10.2.7 节),得到最终计算结果。

10.1.2 反应谱数据

通常情况下,对特定地区或国家中发生的历史地震波数据进行统计而形成反应谱数据,称为设计谱。然后利用设计谱进行结构的抗震分析。所以进行反应谱分析时,使用的是反应谱数据,而不是直接输入地震波荷载。

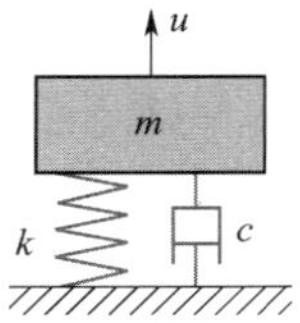

反应谱数据实际上描述了不同周期或阻尼下的单自由度系统对地震波荷载的响应情况。反应谱的横坐标为单自由度的周期,纵坐标为单自由度系统的最大响应值。

反应谱的生成过程如图 10-1-2 ~ 图 10-1-5 所示。

(1)以单自由度弹簧振子系统(图 10-1-2)为对象,施加地震波荷载(图 10-1-3),得到该系统的响应时间历程数据,并获取位移最大值。

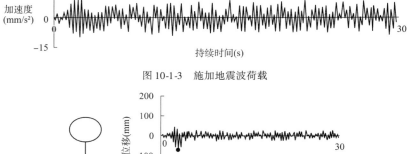

图 10-1-2 单自由度系统
k-刚度;m-质量;c-阻尼;u-位移

图 10-1-3 施加地震波荷载

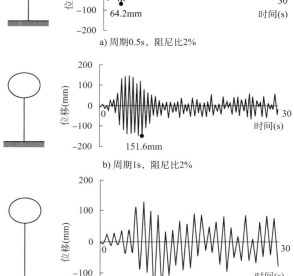

a) 周期0.5s,阻尼比2%

b) 周期1s,阻尼比2%

c) 周期2s,阻尼比2%

图 10-1-4 单自由度系统的位移响应

(2)更改弹簧振子系统的周期(通过调整弹簧刚度或振子质量),继续施加动力荷载,获取位移最大值。图10-1-4显示了3个相同阻尼比、不同周期的单自由度系统位移响应情况;当周期为0.5s时,在地震波荷载作用下,位移响应的绝对值最大值为64.2mm;当周期为1s时,位移响应的绝对值最大值为151.6mm;当周期为2s时,位移响应的绝对值最大值为185.6mm。

(3)不断调整弹簧振子系统的频率,可以得到不同频率下的最大响应值,将各个数据点连接成线,可以得到反应谱曲线,如图10-1-5所示。

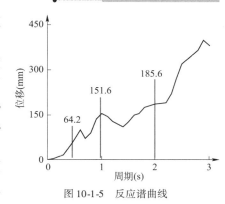

图10-1-5 反应谱曲线

反应谱常用的类型有:位移设计谱、速度设计谱、加速度设计谱、力设计谱。下式表示不同反应谱类型之间的转换方法。

$$\left. \begin{array}{l} S_{位移} = \dfrac{S_{速度}}{2\pi f} = \dfrac{S_{加速度}}{(2\pi f)^2} \\ S_{重力加速度} = \dfrac{S_{加速度}}{g} \end{array} \right\} \quad (10\text{-}1\text{-}1)$$

式中: f ——固有频率;
g ——重力加速度;
$S_{位移}$ ——位移设计谱;
$S_{速度}$ ——速度设计谱;
$S_{加速度}$ ——加速度设计谱;
$S_{重力加速度}$ ——重力加速度设计谱。

10.2 反应谱分析的计算原理

受地基运动影响的多自由度体系的结构动力平衡方程为:

$$\boldsymbol{M}\ddot{\boldsymbol{u}}(t) + \boldsymbol{C}\dot{\boldsymbol{u}}(t) + \boldsymbol{K}\boldsymbol{u}(t) = -\boldsymbol{M}\boldsymbol{r}\ddot{u}_g(t) \quad (10\text{-}2\text{-}1)$$

式中: $\boldsymbol{M}$ ——质量矩阵;
$\boldsymbol{C}$ ——阻尼矩阵;
$\boldsymbol{K}$ ——刚度矩阵;
$\boldsymbol{r}$ ——地面加速度指示向量, $\boldsymbol{r} = \begin{Bmatrix} \boldsymbol{r}_x \\ \boldsymbol{r}_y \\ \boldsymbol{r}_z \end{Bmatrix} = \begin{Bmatrix} \boldsymbol{I}\cos\alpha \\ \boldsymbol{I}\sin\alpha \\ \boldsymbol{0} \end{Bmatrix}$, α 为地震方向与 X 轴的夹角,

计算单向地震作用时, $\boldsymbol{r}$ 为单位向量 $\boldsymbol{I}$;
$\ddot{u}_g(t)$ ——地面加速度;
$\boldsymbol{u}(t)$、$\dot{\boldsymbol{u}}(t)$、$\ddot{\boldsymbol{u}}(t)$ ——分别表示相对位移、速度、加速度向量。

不管是用反应谱还是时程分析方法,均需解耦上述方程,用到的是振型分解法。振型分解法解方程步骤如下。

10.2.1 定义广义坐标

将振型向量 $\boldsymbol{\Phi}$ 作为一组基[因为($\boldsymbol{\Phi}_1,\boldsymbol{\Phi}_2,\cdots,\boldsymbol{\Phi}_j,\cdots,\boldsymbol{\Phi}_n$)相互独立,类似坐标轴 X、Y、Z 相互独立,故可作为一组基],用振型的线性组合来表示质点的位移,公式如下:

$$u(t) = \boldsymbol{\Phi}_1 q_1(t) + \boldsymbol{\Phi}_2 q_2(t) + \cdots + \boldsymbol{\Phi}_j q_j(t) + \cdots + \boldsymbol{\Phi}_n q_n(t)$$

即:

$$u(t) = \boldsymbol{\Phi} q(t) \tag{10-2-2}$$

式中:$\boldsymbol{\Phi}$——振型向量矩阵,$\boldsymbol{\Phi} = [\boldsymbol{\Phi}_1,\boldsymbol{\Phi}_2,\cdots,\boldsymbol{\Phi}_j,\cdots,\boldsymbol{\Phi}_n] = \begin{bmatrix} \phi_{11} & \cdots & \phi_{j1} & \cdots & \phi_{n1} \\ \phi_{12} & \cdots & \phi_{j2} & \cdots & \phi_{n2} \\ \vdots & \cdots & \vdots & \cdots & \vdots \\ \phi_{1n} & \cdots & \phi_{jn} & \cdots & \phi_{nn} \end{bmatrix}$;

$u(t)$——位移向量,$u(t) = \begin{Bmatrix} u_1 \\ \vdots \\ u_n \end{Bmatrix}$;

$q(t)$——广义坐标向量,$q(t) = \begin{Bmatrix} q_1 \\ \vdots \\ q_n \end{Bmatrix}$。

则:

$$\text{速度}: \dot{u}(t) = \boldsymbol{\Phi} \dot{q}(t) \tag{10-2-3}$$

$$\text{加速度}: \ddot{u}(t) = \boldsymbol{\Phi} \ddot{q}(t) \tag{10-2-4}$$

10.2.2 求各振型独立的微分方程

将式(10-2-2)~式(10-2-4)代入式(10-2-1),再在等式两边乘以 $\boldsymbol{\Phi}_j^T$ 后,得:

$$\boldsymbol{\Phi}_j^T M \boldsymbol{\Phi} \ddot{q}(t) + \boldsymbol{\Phi}_j^T C \boldsymbol{\Phi} \dot{q}(t) + \boldsymbol{\Phi}_j^T K \boldsymbol{\Phi} q(t) = - \boldsymbol{\Phi}_j^T M r \ddot{u}_g(t) \tag{10-2-5}$$

特征向量因正交性有如下关系:

$$\phi_i (M \text{ or } C \text{ or } K) \phi_j = 0 \quad (i \neq j) \tag{10-2-6}$$

故

$$\boldsymbol{\Phi}_j^T M \boldsymbol{\Phi}_j \ddot{q}_j(t) + \boldsymbol{\Phi}_j^T C \boldsymbol{\Phi}_j \dot{q}_j(t) + \boldsymbol{\Phi}_j^T K \boldsymbol{\Phi}_j q_j(t) = - \boldsymbol{\Phi}_j^T M r \ddot{u}_g(t) \tag{10-2-7}$$

两边同除以 $\boldsymbol{\Phi}_j^T M \boldsymbol{\Phi}_j$,得:

$$\ddot{q}_j(t) + \frac{\boldsymbol{\Phi}_j^T C \boldsymbol{\Phi}_j}{\boldsymbol{\Phi}_j^T M \boldsymbol{\Phi}_j} \dot{q}_j(t) + \frac{\boldsymbol{\Phi}_j^T K \boldsymbol{\Phi}_j}{\boldsymbol{\Phi}_j^T M \boldsymbol{\Phi}_j} q_j(t) = - \frac{\boldsymbol{\Phi}_j^T M r}{\boldsymbol{\Phi}_j^T M \boldsymbol{\Phi}_j} \ddot{u}_g(t) \tag{10-2-8}$$

由单自由度体系模态分析可得到:

$$\frac{k_j}{m_j} = \omega_j^2 \tag{10-2-9}$$

假设:

$$\frac{c_j}{m_j} = 2 \xi_j \omega_j \tag{10-2-10}$$

则式(10-2-8)可简化为:

$$\ddot{q}_j(t) + 2\xi_j\omega_j\dot{q}_j(t) + \omega_j^2 q_j(t) = -\frac{\boldsymbol{\Phi}_j^{\mathrm{T}}\boldsymbol{M}\boldsymbol{r}}{\boldsymbol{\Phi}_j^{\mathrm{T}}\boldsymbol{M}\boldsymbol{\Phi}_j}\ddot{u}_g(t) \tag{10-2-11}$$

令 $\gamma_j = \dfrac{\boldsymbol{\Phi}_j^{\mathrm{T}}\boldsymbol{M}\boldsymbol{r}}{\boldsymbol{\Phi}_j^{\mathrm{T}}\boldsymbol{M}\boldsymbol{\Phi}_j}$，则式（10-2-11）可简化为：

$$\ddot{q}_j(t) + 2\xi_j\omega_j\dot{q}_j(t) + \omega_j^2 q_j(t) = -\gamma_j\ddot{u}_g(t) \tag{10-2-12}$$

式中：ω_j——单自由度系统固有频率；

ξ_j——单自由度系统阻尼比；

γ_j——第 j 阶振型的振型参与系数，表示单质点在第 j 阶振型中分配到的地震作用。

10.2.3 单自由度体系的微分方程通解（杜哈梅积分）

$$\ddot{x}(t) + 2\xi\omega\dot{x}(t) + \omega^2 x(t) = \ddot{u}_g(t) \tag{10-2-13}$$

上式的通解为：

$$x(t) = \frac{1}{\omega'}\int_0^t \ddot{u}_g(\tau)\mathrm{e}^{-\xi\omega(t-\tau)} \cdot \sin\omega'(t-\tau)\mathrm{d}\tau \tag{10-2-14}$$

其中，$\omega' = \omega\sqrt{1-\xi^2}$。

10.2.4 多自由度体系的微分方程通解

$$q_j(t) = \frac{1}{\omega_j'}\int_0^t [-\gamma_j\ddot{u}_g(\tau)]\mathrm{e}^{-\xi_j\omega_j(t-\tau)} \cdot \sin\omega_j'(t-\tau)\mathrm{d}\tau \tag{10-2-15}$$

上式可简化为：

$$q_j(t) = \frac{-\gamma_j}{\omega_j'}\int_0^t \ddot{u}_g(\tau)\mathrm{e}^{-\xi_j\omega_j(t-\tau)} \cdot \sin\omega_j'(t-\tau)\mathrm{d}\tau \tag{10-2-16}$$

其中，$\omega_j' = \omega_j\sqrt{1-\xi_j^2}$。

10.2.5 求单质点地震位移

令

$$\Delta_j(t) = \frac{-1}{\omega_j'}\int_0^t \ddot{u}_g(\tau)\mathrm{e}^{-\xi_j\omega_j(t-\tau)} \cdot \sin\omega_j'(t-\tau)\mathrm{d}\tau \tag{10-2-17}$$

式中：$\Delta_j(t)$——第 j 阶振型的等效单自由度体系地震反应位移。

则广义坐标系下结构第 j 阶振型响应为：

$$q_j(t) = \gamma_j\Delta_j(t) \tag{10-2-18}$$

原坐标下质点 i 的地震位移为：

$$u_i(t) = \sum_{j=1}^n \phi_{ji}q_j(t) = \sum_{j=1}^n \phi_{ji}\gamma_j\Delta_j(t) \tag{10-2-19}$$

则质点 i 的地震速度和加速度分别为：

$$\dot{u}_i(t) = \sum_{j=1}^n \phi_{ji}\dot{q}_j(t) = \sum_{j=1}^n \phi_{ji}\gamma_j\dot{\Delta}_j(t) \tag{10-2-20}$$

$$\ddot{u}_i(t) = \sum_{j=1}^n \phi_{ji}\ddot{q}_j(t) = \sum_{j=1}^n \phi_{ji}\gamma_j\ddot{\Delta}_j(t) \tag{10-2-21}$$

10.2.6 振型分解反应谱法

利用振型分解法将多自由度方程解耦后,若对解耦的单自由度方程进行时程分析,该方法常称为振型叠加法时程分析(模态法瞬态响应分析);若对解耦的单自由度方程进行反应谱分析,则称为振型分解反应谱法,这是软件目前使用的方法,也是目前结构设计规范的主流设计方法。如图 10-2-1 所示为 midas MeshFree 中定义的《建筑抗震设计规范》(GB 50011—2010)设计谱。

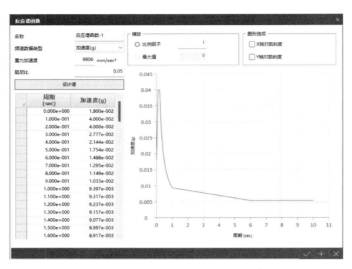

图 10-2-1　midas MeshFree 中定义的抗震设计谱

振型分解反应谱法引入了抗震设计谱,由于设计谱给出的是每个单自由度(周期)的最大反应值,那么质点 i 的最大加速度响应值可表示为:

$$\ddot{u}_{i,\max}(t) = \sum_{j=1}^{n} \phi_{ji}\gamma_j[\ddot{\Delta}_j(t) + \ddot{u}_g(t)] = \sum_{j=1}^{n} \phi_{ji}\gamma_j S_a \qquad (10\text{-}2\text{-}22)$$

同理,

$$\dot{u}_{i,\max}(t) = \sum_{j=1}^{n} \phi_{ji}\gamma_j S_v \qquad (10\text{-}2\text{-}23)$$

$$u_{i,\max}(t) = \sum_{j=1}^{n} \phi_{ji}\gamma_j S_d \qquad (10\text{-}2\text{-}24)$$

式中:S_a——加速度设计谱;
　　　S_v——速度设计谱;
　　　S_d——位移设计谱。

任意时刻,质点 i 振型 j 的最大水平地震作用惯性力为:

$$F_{ji,\max}(t) = m_i \phi_{ji} \gamma_j S_a \qquad (10\text{-}2\text{-}25)$$

转换上式,得:

$$F_{ji,\max}(t) = m_i g \phi_{ji} \gamma_j \frac{S_a}{g} = G \phi_{ji} \gamma_j \alpha_j \qquad (10\text{-}2\text{-}26)$$

式中:α_j——第 j 阶振型对应自振周期 T_j 的地震影响系数。

10.2.7 振型组合

从输入的反应谱数据获取各阶模态对应的等效单自由度系统的响应值后,为了获得总的响应值,需要将这些响应值使用某种方式进行组合。

如果每个模态物理量(位移、速度以及加速度等)的最大值之和正好等于实际物理量的最大值,那么可以采用线性叠加方式获得最终结果。但实际上,每个单自由度系统最大值不是在同一时刻发生,所以简单的线性叠加是不行的。因此,需要引入能够评估响应最大值的模态组合方法,目前 MeshFree 提供的方法有绝对值求和法(ABS)、平方和的平方根法(SRSS)、完全二次组合法(CQC)、美国海军实验室法(NRL)以及10%法(TENP)方法,其中 SRSS 和 CQC 最常用。

(1)绝对值求和法(ABS,Summation of the absolute value method)

这种方法假定每个模态的响应最值同时发生,因此直接将每个模态响应最值的绝对值相加,见式(10-2-27)。但这种情况在实际中较少发生,因而结果偏于保守,用得较少。

$$R_{\max} = \sum_{i=1}^{N} |R_i| \qquad (10\text{-}2\text{-}27)$$

式中:$R_{\max}$——总响应值;

R_i——第 i 阶模态的响应最值。

(2)平方和的平方根法(SRSS,Square root of sum of squares method)

这种方法在抗震设计中比较常用,它是先将每个模态的响应最值求平方和,然后再开根号,见式(10-2-28)。当各个模态的频率相对接近时,会产生偏大或偏小的结果,所以只有当各个模态频率不是很接近时,才会产生较合理的结果。

$$R_{\max} = \sqrt{\sum_{i=1}^{N} R_i^2} \qquad (10\text{-}2\text{-}28)$$

(3)完全二次组合法(CQC,Complete quadratic combination method)

这是一种考虑各个模态之间概率相关性的方法,并且利用阻尼比和固有频率计算模态相关性系数,见式(10-2-29)。如果阻尼比为0,那么模态的相关性系数为0,此时 CQC 法与 SRSS 法相同。

$$R_{\max} = \sqrt{\sum_{i=1}^{N} \sum_{j=i}^{N} R_i \rho_{ij} R_j}$$

$$\rho_{ij} = \frac{8\sqrt{\xi_i \xi_j}(\xi_i + r_{ij}\xi_j) r_{ij}^{1.5}}{(1 - r_{ij}^2)^2 + 4\xi_i \xi_j r_{ij}(1 + r_{ij}^2) + 4(\xi_i^2 + \xi_j^2) r_{ij}^2}$$

$$r_{ij} = \frac{\omega_i}{\omega_j}, \quad \omega_j > \omega_i \qquad (10\text{-}2\text{-}29)$$

式中:$R_{\max}$——总响应值;

R_i、R_j——第 i 阶模态和第 j 阶模态的响应最值;

ρ_{ij}——第 i 阶和第 j 阶模态的相关性系数;

ξ_i、ξ_j——第 i 阶模态和第 j 阶模态的阻尼比;

r_{ij}——第 i 阶和第 j 阶模态的固有频率比;

ω_i、ω_j——第 i 阶模态和第 j 阶模态的固有频率。

(4)10%法(TENP,TEN Percent method)

这种方法考虑了各个模态频率接近时对结果的影响,如果两个模态频率满足式(10-2-30),

则认为两者接近。总响应值 R_{max} 的表达式见式（10-2-31）。

$$\frac{\omega_i - \omega_j}{\omega_i} \leq 0.1, \omega_i \geq \omega_j \tag{10-2-30}$$

$$R_{max} = \sqrt{\sum_{i=1}^{N} \left(R_i^2 + 2\sum_{j=1}^{i-1} |R_i R_j| \right)} \tag{10-2-31}$$

（5）美国海军实验室法（NRL，Naval research laboratory method）

这种方法是将各个模态的响应最值中分离出绝对值最大的结果,然后剩余部分按照 SRSS 法进行组合。与 SRSS 法一样,如果各个模态固有频率不是很接近,则会得到较合理的结果。

$$R_{max} = |R_m| + \sqrt{\sum_{i=1, i \neq m}^{N} R_i^2} \tag{10-2-32}$$

10.3 在 MeshFree 中进行反应谱分析

10.3.1 分析流程

反应谱分析必须以模态分析为基础,所以先要进行一次模态分析,分析流程如图 10-3-1 所示。

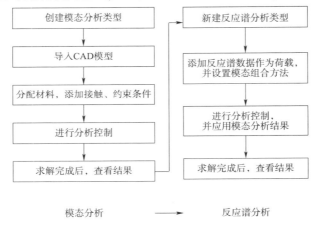

图 10-3-1 反应谱分析流程

10.3.2 分析条件

图 10-3-2 所示为反应谱分析步骤菜单,其中"反应谱"定义是最关键的。

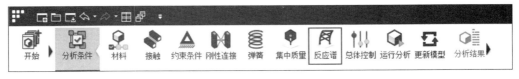

图 10-3-2 反应谱分析步骤菜单

在反应谱定义对话框中（图 10-3-3）,需要定义地震作用方向（只能定义单方向地震作用）,周期修正系数,反应谱函数（设计谱）以及模态组合方法。

点击图 10-3-3 中的函数定义，进入反应谱函数定义对话框（图 10-3-4）,可自己输入反应谱数据,或点击"设计谱",选择已经嵌入程序中的各地区和国家相关规范中规定的设计谱,如图 10-3-5 所示。

图 10-3-3　定义反应谱界面　　　　　　图 10-3-4　定义反应谱函数界面

图 10-3-5　各地区和国家相关规范中规定的设计谱

10.3.3　分析控制

反应谱的分析控制界面如图 10-3-6 所示。阻尼的定义参考 8.2.3 节，模态的设置参考 8.2.4 节。

图 10-3-6　反应谱的分析控制界面

10.3.4 分析结果

反应谱分析输出的结果包含位移、速度、加速度、应力和应变等。

1) 输出控制

在分析控制界面,可切换到输出控制界面,如图 10-3-7 所示。输出选项包含位移、速度、加速度、应力和应变,另外还可以输出模态结果。反应谱分析只输出绝对值结果,因此没有绝对值和相对值结果选项供选择。

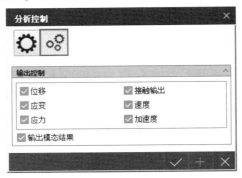

图 10-3-7 输出控制界面

2) 下拉菜单结果

在下拉菜单结果中(图 10-3-8),可以看位移、速度和加速度结果。另外,还有 von Mises 应力和应变、正应力和正应变、主应力和主应变、切应力和切应变结果。

(1) 位移、速度和加速度

位移结果的各项含义可以参考第 2 章 2.5.4 节。

速度和加速度结果可通过位移结果进行类比计算,不再赘述。

(2) 应力和应变

应力和应变结果亦可参考第 2 章 2.5.4 节。

图 10-3-8 下拉菜单结果

第 11 章 随机振动分析

随机振动分析广泛应用于工程和科学领域,其主要是用来评估结构和设备在随机激励下的性能以及疲劳寿命。该分析方法可帮助工程师更好地理解和预测系统在复杂环境下的行为,从而改进设计、提高安全性,并降低潜在的振动问题带来的风险。

11.1 随机振动分析概述

11.1.1 随机振动概念

对于某些振动,其规律显示出相当的随机性而不能用确定性的函数来表示,但它们都有某种统计学特征,因此可以用概率统计的方法来描述,这种振动就是随机振动。例如,空中飞行的飞机,道路上行驶的汽车,波浪撞击船舶,受地震影响的建筑物等。

1)平稳和遍历随机过程

图 11-1-1 表示某一随机荷载。通过对变量进行很多次测量,可以认为得到的测量数据包含了无数条随机历程,形成一个集合,如图 11-1-1 所示,$\{u^{(1)}(t), u^{(2)}(t), u^{(3)}(t), u^{(4)}(t), u^{(5)}(t), \cdots\}$ 是一个集合。如果任意时刻,集合的平均值、方差、标准差都是一样的,则可以认为这是平稳随机过程。另外,如果任一样本(任意一条随机历程或集合中的任意一个元素)的时间平均值与集合平均值一样,就是遍历随机过程。用软件进行随机振动分析,就已假设随机过程是遍历过程。

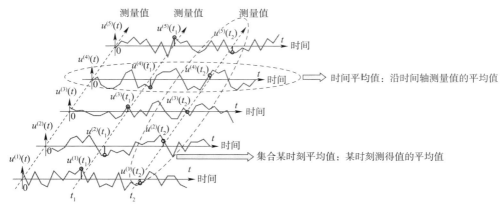

图 11-1-1 随机荷载

2)随机振动激励分布规律

随机振动分析有两个基本的假设:
(1)荷载和响应满足正态分布(高斯分布)。
(2)荷载和响应满足均值为零,如图 11-1-2 所示。

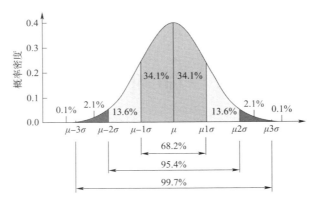

图 11-1-2 均值为零的正态分布
μ-均值；σ-标准差

当随机振动的均值为零时,它的方差就等于均方值,标准差 σ 就是均方根值(RMS)。

在工程中,高标准差 σ 激励发生的概率比较低,因此一般取 3σ 为计算上限。由图 11-1-2 可知,$1 \times \text{RMS}(1\sigma)$ 占到总响应的 68.2%,$2 \times \text{RMS}(2\sigma)$ 占到总响应的 95.4%,$3 \times \text{RMS}(3\sigma)$ 占到总响应的 99.7%。

3) 功率谱密度(PSD)函数

对于一个单基础激励(单点激励)的随机振动,通常采用功率谱密度(PSD)的方法来描述其统计特征。工程中,一般使用激励的均方值与频带宽度的比值来评估,即 PSD = 均方/$(f_1 - f_2)$,单位是 units²/Hz。对于结构振动来说,常见的激励有加速度激励、重力加速度激励、速度激励以及位移激励,常用的单位分别是 $(\text{mm/s}^2)^2/\text{Hz}$、$g^2/\text{Hz}$、$(\text{mm/s})^2/\text{Hz}$ 和 $(\text{mm})^2/\text{Hz}$。式(11-1-1)为不同单位下的转换方式:

$$\left.\begin{array}{l} S_{位移} = \dfrac{S_{速度}}{(2\pi f)^2} = \dfrac{S_{加速度}}{(2\pi f)^4} \\ S_{重力加速度} = \dfrac{S_{加速度}}{g^2} \end{array}\right\} \quad (11\text{-}1\text{-}1)$$

如图 11-1-3 所示为功率谱密度曲线图,功率谱密度函数下方的面积是激励量的均方值 RMS。

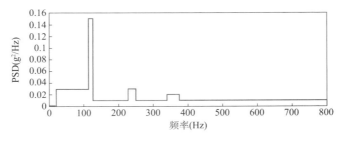

图 11-1-3 PSD 曲线

11.1.2 计算原理

随机振动分析是在频率响应分析的基础上进行的,因此进行随机振动分析时主要耗时在频率响应分析的过程。

1)单基础激励

对于单基础激励随机振动分析,其计算过程如下:

(1)进行频率响应分析

根据用户定义的频率依存荷载和频率集,程序自动进行频率响应分析。在进行频率响应分析时,无论激励荷载采用何种单位,一律采用单位激励。

(2)获得传递函数(频率响应函数)

根据频率响应分析的结果,获得频率集中的每个目标点的输出值和输入值的比值,得到传递函数。

$$u_j(\omega) = H_{j\alpha}(\omega) \cdot F_\alpha(\omega) \tag{11-1-2}$$

式中:$F_\alpha(\omega)$——输入值;

$u_j(\omega)$——输出值;

$H_{j\alpha}(\omega)$——频率响应函数。

(3)计算响应的功率谱密度

有了频率响应函数,结合用户输入的功率谱密度(PSD),可以得到响应的功率谱密度(RPSD)。

$$S_{\text{out}}(\omega) = H_{j\alpha}^*(\omega) H_{j\alpha}(\omega) S_{\text{in}}(\omega) = |H_{j\alpha}(\omega)|^2 S_{\text{in}}(\omega) \tag{11-1-3}$$

式中:$H_{j\alpha}(\omega)$——频率响应函数,$H_{j\alpha}^*(\omega)$为其共轭函数;

$|H_{j\alpha}(\omega)|$——频率响应函数的模;

$S_{\text{in}}(\omega)$——输入的功率谱密度(PSD);

$S_{\text{out}}(\omega)$——输出的响应谱密度(RPSD)。

(4)计算响应的统计特性

根据响应的功率谱密度(RPSD),计算其统计特性 RMS 等数据。

2)多基础激励

对于多基础激励,需要定义互功率谱密度(CSD)来描述各个激励之间的相互关系。以 2 点激励为例,它的响应谱密度可以表示为:

$$S_{jj}(\omega) = H_{ja}^*(\omega) \cdot H_{ja}(\omega) \cdot S_{aa}(\omega) + H_{jb}^*(\omega) \cdot H_{jb}(\omega) \cdot S_{bb}(\omega) + \\ H_{ja}^*(\omega) \cdot H_{jb}(\omega) \cdot S_{ab}(\omega) + H_{jb}^*(\omega) \cdot H_{ja}(\omega) \cdot S_{ba}(\omega) \tag{11-1-4}$$

式中: $H_{ja}(\omega)$——激励 a 的频率响应函数,$H_{ja}^*(\omega)$为其共轭函数;

$H_{jb}(\omega)$——激励 b 的频率响应函数,$H_{jb}^*(\omega)$为其共轭函数;

$S_{aa}(\omega)$——激励 a 的自功率谱密度函数;

$S_{bb}(\omega)$——激励 b 的自功率谱密度函数;

$S_{ab}(\omega)$、$S_{ba}(\omega)$——激励 a 和激励 b 的互功率谱密度函数;

$S_{jj}(\omega)$——响应谱密度函数。

目前版本的 MeshFree 软件,支持单基础激励的随机振动分析。

11.2 在 MeshFree 中进行随机振动分析

11.2.1 分析方法

随机振动分析方法对话框如图 11-2-1 所示。

图 11-2-1　随机振动分析方法

随机振动分析方法包含直接法(即直接积分法)和模态法(即模态叠加法)。

(1) 直接法

直接法适用于小模型,定义的激励频率比较少,有高频激励的情况,计算精度比较高。

(2) 模态法

模态数量的选择非常重要,直接影响计算的精度。该方法适用于大模型,定义的激励频率比较多的情况。

11.2.2　分析流程

(1) 采用直接法进行随机振动分析的流程如图 11-2-2 所示。

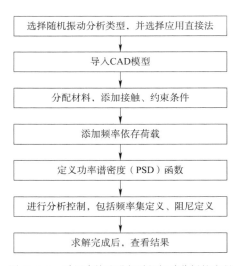

图 11-2-2　采用直接法进行随机振动分析的流程

(2) 采用模态法进行随机振动分析的流程如图 11-2-3 所示。

进行随机振动分析时,需先进行模态分析,然后基于模态分析的结果进行随机振动分析。

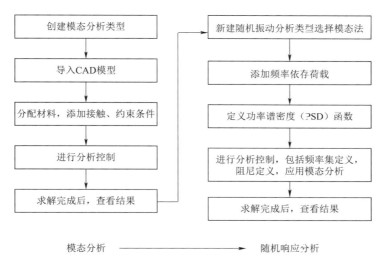

图 11-2-3　采用模态法进行随机振动分析的流程

11.2.3　定义 PSD

添加 PSD 曲线是随机振动分析的核心步骤,软件将基于输入的 PSD 计算得到 RPSD。在添加功率谱密度之前,首先要定义用于频率响应分析的频率依存荷载(一律用单位激励);随后在分析工况中点击功率谱密度进行定义。从图 11-2-4 中可以看出,目前程序能对单基础激励定义 PSD 函数,此时 $Y=0$,最后定义的 PSD 函数 $S_{jk} = X \cdot G(F)$,为实值函数。

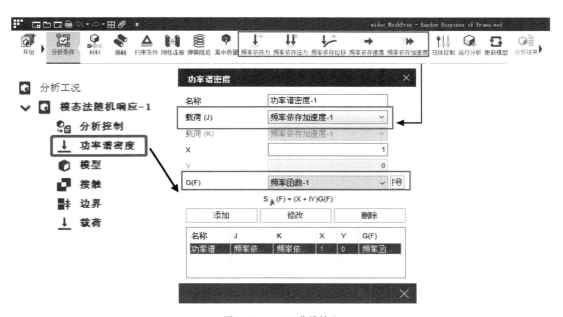

图 11-2-4　PSD 曲线输入

11.2.4　分析控制

随机振动分析控制(图 11-2-5)与频率响应分析控制一致,参考 9.2.3 节。

a) 模态法　　　　　　　　　　　　b) 直接法

图 11-2-5　随机振动分析控制

11.2.5　分析结果

随机振动分析输出的结果包含频率响应分析结果,随机振动 PSD、RMS 以及 NPX 结果。

1) 输出控制

在分析控制界面,可切换到输出控制界面,如图 11-2-6 所示。各选项含义可参考 9.2.5 节。

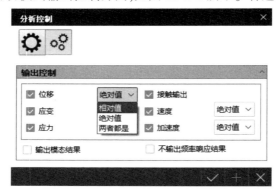

图 11-2-6　输出控制界面

2) 下拉菜单结果

(1) 在下拉菜单步骤中(图 11-2-7),可以选择查看频率响应结果,随机振动响应 PSD、RMS 以及 NPX 结果。

对于 RMS 值,可选择 1σ 到 4σ 响应值,随机振动置信水平选择如图 11-2-8 所示。

NPX 为样本自下而上穿越均值的次数,在随机振动疲劳计算时会用到,NPX 计算公式为:

$$\mathrm{NPX} = \sqrt{\frac{M_2}{M_0}} = \left(\frac{\int_0^\omega \omega^2 S_j(\omega) \mathrm{d}\omega}{\int_0^\omega S_j(\omega) \mathrm{d}\omega} \right)^{\frac{1}{2}} \tag{11-2-1}$$

式中:$S_j(\omega)$——响应谱密度(RPSD)函数;

M_0、M_2——PSD 惯性矩。

图 11-2-7　下拉菜单步骤选项

图 11-2-8　随机振动置信水平选择

（2）在下拉菜单结果类型中（图 11-2-9），可以看到每个步骤下的位移、速度和加速度的绝对值和相对值结果。另外，还有 von Mises 应力和应变、正应力和正应变、切应力和切应变结果。

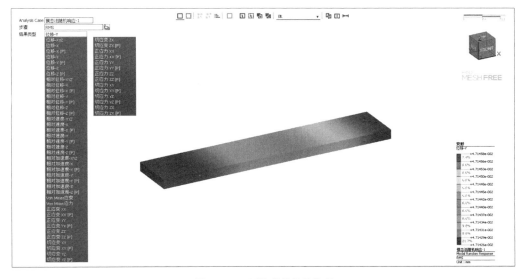

图 11-2-9　下拉菜单结果类型

①位移、速度和加速度

位移结果的各项含义可以参考第 2 章 2.5.4 节,绝对值位移结果等于相对值位移结果和基座位移结果叠加而成,是矢量和,见上文的说明。

速度和加速度结果可通过位移结果进行类比计算,不再赘述。

②应力和应变

应力和应变结果也可参考第 2 章 2.5.4 节的说明。

参 考 文 献

[1] 王鸿文. 材料力学Ⅰ[M]. 4版. 北京:高等教育出版社,2004.
[2] 王勖成. 有限单元法[M]. 2版. 北京:清华大学出版社,2003.
[3] 杨世铭,陶文铨. 传热学[M]. 4版. 北京:高等教育出版社,2006.
[4] SIGMUND O, PETERSSON J. Numerical instabilities in topology optimization: A survey on procedures dealing with checkerboards, mesh-dependencies and local minima[J]. Structural & Multidisciplinary Optimization,1998,16:68-75.
[5] LAZAROV B, WANG F, SIGMUND O. Length scale and manufacturability in density-based topology optimization[J]. Archive of Applied Mechanics, 2016,86:189-218.
[6] 西北工业大学机械原理及机械零件教研室. 机械设计[M]. 7版. 北京:高等教育出版社,2001.
[7] DOWNING S, SOCIE D. Simple rainflow counting algorithms[J]. International Journal of Fatigue, 1982,4:31-40.
[8] RYCHLIK I. A new definition of the rainflow cycle counting method[J]. International Journal of Fatigue, 1987,9:119-121.
[9] US-ASTM. Standard practices for cycle counting in fatigue analysis:ASTM E1049-85(2017)[S]. West Conshohocken:ASTM International,2017.
[10] 杨桂通. 弹塑性力学引论[M]. 北京:清华大学出版社,2004.
[11] SINGIRESU S R. 机械振动[M]. 5版. 李欣业,杨理诚,译. 北京:清华大学出版社,2016.